技工院校"十四五"规划数字媒体技术应用专业系列教材
中等职业技术学校"十四五"规划艺术设计专业系列教材

After Effects 2023 视频处理

朱春 唐兴家 闵雅赳 周根静 主编
刘芊宇 刘筠烨 胡文凯 李亚琳 副主编

中国·武汉

内容简介

本教材的内容共分为六个项目，每个项目包含多个具体学习任务，旨在通过系统化的学习和实践，使学生全面掌握视频处理的核心技能。

项目一主要介绍视频处理的基础概念，以及 After Effects 2023 安装与界面；项目二涵盖视频处理的基础操作与项目管理，包括新建合成与导入素材、合成窗口与图层管理、时间轴面板与关键帧，以及渲染与输出设置；项目三重点讲解视频剪辑、转场效果、蒙版与轨道遮罩；项目四深入讲解视频特效处理与动画设计，包括色彩校正与调色、文字动画与图形设计、动态跟踪与稳定等；项目五主要介绍三维空间的基础概念，包括三维模型的创建与编辑、三维动画的设计方法等，并详细讲解灯光类型与设置，以及摄像机动画的制作技巧；项目六是综合项目实践，包括表达式与脚本应用、粒子系统与模拟效果等高级技巧的学习，通过具体案例，将所学知识进行综合运用，提升学生的综合设计能力和团队协作能力。

本教材内容丰富、结构清晰，注重理论与实践相结合，通过具体案例和项目实践，使学生能够全面掌握视频处理的核心技能，为未来的职业发展奠定坚实基础。

图书在版编目（CIP）数据

After Effects 2023 视频处理 / 朱春等主编 . -- 武汉：华中科技大学出版社，2025.3. -- ISBN 978-7-5772-1760-4

Ⅰ . TP391.413

中国国家版本馆 CIP 数据核字第 2025UP7875 号

After Effects 2023 视频处理
After Effects 2023 Shipin Chuli

朱春　唐兴家　闵雅赳　周根静　主编

策划编辑：	金　紫
责任编辑：	徐桂芹
装帧设计：	金　金
责任监印：	朱　玢

出版发行：华中科技大学出版社（中国·武汉）　　电　话：（027）81321913
　　　　　武汉市东湖新技术开发区华工科技园　　　邮　编：430223

录　排：天津清格印象文化传播有限公司

印　刷：武汉科源印刷设计有限公司

开　本：889mm×1194mm　1/16

印　张：9.25

字　数：274 千字

版　次：2025 年 3 月第 1 版第 1 次印刷

定　价：59.80 元

本书若有印装质量问题，请向出版社营销中心调换
全国免费服务热线 400-6679-118 竭诚为您服务
版权所有　侵权必究

技工院校"十四五"规划数字媒体技术应用专业系列教材
中等职业技术学校"十四五"规划艺术设计专业系列教材
编写委员会名单

● 编写委员会主任委员

文健（广州城建职业学院科研副院长）
劳小芙（广东省城市技师学院文化艺术学院副院长）
苏学涛（山东技师学院文化传媒专业部主任）
钟春琛（中山市技师学院计算机应用系教学副主任）
王博（广州市工贸技师学院文化创意产业系副主任）
许浩（宁波第二技师学院教务处主任）
曾维佳（广州市轻工技师学院平面设计专业学科带头人）
余辉天（四川菌王国科技发展集团有限公司游戏部总经理）

● 编委会委员

戴晓杏、曾勇、余晓敏、陈筱可、刘雪艳、汪静、杜振嘉、孙楚杰、阙乐旻、孙广平、何莲娣、高翠红、邓全颖、谢洁玉、李佳俊、欧阳达、雷静怡、覃浩洋、冀俊杰、邝耀明、李谋超、许小欣、黄剑琴、王鹤、林颖、姜秀坤、黄紫瑜、皮皓、傅程姝、周黎、陈智盖、苏俊毅、彭小虎、潘泳贤、朱春、唐兴家、闵雅赳、周根静、刘芊宇、刘筠烨、李亚琳、胡文凯、何淦、胡蓝予、朱良、杨洪亮、龚芷月、黄嘉莹、吴立炜、张丹、岳修能、黄金美、邓梓艺、付宇菲、陈珊、梁爽、齐潇潇、林倚廷、陈燕燕、刘孚林、林国慧、王鸿书、孙铭徽、林妙芝、李丽雯、范斌、熊浩、孙渭、胡玥、张文忠、吴滨、唐文财、谢文政、周正、周哲君、谢爱莲、黄晓鹏、杨桃、甘学智、边珮、许浩、郭咏、吕春兰、梁艳丹、沈振凯、罗翊夏、曾维佳、梁露茜、林秀琼、姜兵、曾琦、汤琳、张婷、冯晶、梁立彬、张家宝、李俊杰、李巧、杨洪亮、杨静、李亚玲、康弘玉、骆艳敏、牛宏光、何磊、陈升远、刘荟敏、伍潇滢、杨嘉慧、熊春静、银丁山、鲁敬平、余晓敏、吴晓鸿、庾瑜、练丽红、朱峰、尹伟荣、桓小红、张燕瑞、马殷睿、刘咏欣、李海英、潘红彩、刘媛、罗志帆、向师、吕露、甘兹富、曾森林、潘文迪、姜智琳、陈凌梅、陈志宏、冯洁、陈玥冰、苏俊毅、杨力、皮添翼、汤虹蓉、甘学智、邢新哲、徐丽彤、冯婉琳、王蓦颖、朱江、谭贵波、陈筱可、曹树声、谢子缘

● 总主编

文健，教授，高级工艺美术师，国家一级建筑装饰设计师。全国优秀教师，2008 年、2009 年和 2010 年连续三年获评广东省技术能手。2015 年被广东省人力资源和社会保障厅认定为首批广东省室内设计技能大师，2019 年被广东省教育厅认定为建筑装饰设计技能大师。中山大学客座教授，华南理工大学客座教授，广州大学建筑设计研究院室内设计研究中心客座教授。出版艺术设计类专业教材 180 余本，其中 11 本获评国家级规划教材。拥有自主知识产权的专利技术 130 项。主持省级品牌专业建设、省级实训基地建设、省级教学团队建设 3 项。获广东省教学成果奖一等奖 1 项，国家级教学成果奖二等奖 1 项。

● 合作编写单位

(1) 合作编写院校

广东省城市技师学院	台山市技工学校
山东技师学院	肇庆市技师学院
中山市技师学院	河源技师学院
广州市工贸技师学院	广州市蓝天高级技工学校
广东省轻工业技师学院	茂名市交通高级技工学校
广州市轻工技师学院	广东省交通运输技师学院
江苏省常州技师学院	广州城建高级技工学校
惠州市技师学院	清远市技师学院
佛山市技师学院	梅州市技师学院
广州市公用事业技师学院	茂名市高级技工学校
广东省技师学院	汕头技师学院
宁波第二技师学院	珠海市技师学院
台山市敬修职业技术学校	
广东省国防科技技师学院	
广东省华立技师学院	
广东花城工商高级技工学校	
广东岭南现代技师学院	
阳江技师学院	
广东省粤东技师学院	
东莞市技师学院	
江门市新会技师学院	

(2) 合作编写企业

广州市赢彩彩印有限公司
广州市壹管念广告有限公司
广州市璐鸣展览策划有限责任公司
广州波错展览设计有限公司
广州市风雅颂广告有限公司
广州质本建筑工程有限公司
广州市金洋广告有限公司
深圳市千千广告有限公司
广东飞墨文化传播有限公司
北京迪生数字娱乐科技股份有限公司
广州易动文化传播有限公司
广州云图动漫设计有限公司
广东原创动力文化传播有限公司
佛山市印艺广告有限公司
广州道恩广告摄影有限公司
佛山市正和凯歌品牌设计有限公司
广州泽西传媒科技有限公司
Master广州市熳大师艺术摄影有限公司
广州猫柒柒摄影工作室
四川菌王国科技发展集团有限公司

序 言

技工教育和中职中专教育是中国职业技术教育的重要组成部分，主要承担培养高技能产业工人和技术工人的任务。随着我国制造业的逐步发展，建设一支高素质的技能人才队伍是实现发展目标的必备条件。如今，国家对职业教育越来越重视，技工和中职中专院校的办学水平已经得到很大的提高，进一步提高技工和中职中专院校的教育、教学和实训水平，提升学生的职业技能，培育和弘扬工匠精神，已成为技工和中职中专院校的共同目标。而高水平专业教材建设无疑是技工和中职中专院校发展教育特色的重要抓手。

本套规划教材以国家职业标准为依据，以综合职业能力培养为目标，以典型工作任务为载体，以学生为中心，根据典型工作任务和工作过程设计教学项目和学习任务。同时，按照工作过程和学生自主学习的要求进行教材内容的设计，实现理论教学与实践教学合一、能力培养与工作岗位对接合一、实习实训与顶岗工作合一。

本套规划教材的特色在于，在编写体例上与技工院校倡导的"教学设计项目化、任务化，课程设计教、学、做一体化，工作任务典型化，知识和技能要求具体化"紧密结合，体现任务引领实践的课程设计思想，以典型工作任务和职业活动为主线设计教材结构，以职业能力培养为核心，将理论教学与技能操作相融合作为课程设计的抓手。本套规划教材在理论讲解环节做到简洁实用、深入浅出；在实践操作训练环节体现以学生为主体的特点，创设工作情境，强化教学互动，让实训的方式、方法和步骤清晰，可操作性强，并能激发学生的学习兴趣，促进学生主动学习。

本套规划教材由全国40余所技工和中职中专院校数字媒体技术应用专业90余名教学一线骨干教师与20余家数字媒体设计公司和游戏设计公司一线设计师联合编写。校企双方的编写团队紧密合作，取长补短，建言献策，让本套规划教材更加贴近专业岗位的技能需求，也让本套规划教材的质量得到了充分的保证。衷心希望本套规划教材能够为我国职业教育的改革与发展贡献力量。

技工院校"十四五"规划数字媒体技术应用专业系列教材
中等职业技术学校"十四五"规划艺术设计专业系列教材

总主编

教授 / 高级技师 文健

2024 年 12 月

前 言

"After Effects 2023 视频处理"是影视后期制作、数字媒体相关专业的必修课程。视频编辑是利用数字技术进行视觉创作的重要手段,它涉及视觉艺术、动画原理、计算机图形学等多个领域。本课程旨在使学生掌握 After Effects 2023 软件的使用技巧,以及视频编辑和动画设计的基本原理和实践方法。

本教材的内容共分为六个项目。项目一介绍视频处理的基础概念,以及 After Effects 2023 安装与界面;项目二讲解基础操作与项目管理,包括新建合成、导入素材、合成窗口、图层管理、时间轴面板、关键帧以及渲染与输出设置;项目三涉及视频剪辑、转场效果、蒙版与轨道遮罩等内容;项目四介绍特效处理与动画设计,包括色彩校正与调色、文字动画、图形设计、动态跟踪与稳定,以及动态海报设计的案例;项目五讲解三维空间与摄像机,包括三维空间基础、三维动画设计、灯光类型与设置,以及立体文字设计的案例;项目六为综合项目实践,包括表达式与脚本、粒子系统与模拟效果,以及品牌宣传视频的案例。

本教材力求做到理论与实践相结合,教材编写体例实用有效,体现新技术、新案例和新规范。同时,将岗位中的典型工作任务进行解析与提炼,注重学生实践技能的培养和训练,把实际案例融入教学设计,应用于课堂理论教学和实践教学,达到教材引领教学和指导教学的目的。

本教材在编写过程中采用了项目化、任务化的教学设计,遵循课程设计教、学、做一体化,学习任务典型化,知识和技能要求具体化等要求,体现任务引领实践的课程设计思想,以实践检验理论知识为主线设计教材结构,同时以培养学生的职业能力为核心,将理论教学与技能操作融会贯通,以迅速提升学生的设计技能。本教材在理论讲解环节做到简洁实用、深入浅出;在实践操作训练环节体现以学生为主体的特点,创设项目情境,强化实践操作,步骤清晰,可操作性强,适合中等职业院校和技工院校学生练习。

本教材既可作为中等职业院校和技工院校相关专业的教材,也可以作为行业爱好者的自学教材及参考读物。希望通过本教材的学习,学生能够掌握扎实的 After Effects 2023 视频处理技能,为未来的职业发展奠定坚实的基础。由于编者学术水平有限,教材中难免出现错漏之处,欢迎广大读者批评、指正。

朱春

2024 年 10 月 28 日

课时安排（建议课时 120）

项目	课程内容	课时	
项目一 绪论	学习任务一　视频处理基础概念	2	4
	学习任务二　After Effects 2023 安装与界面介绍	2	
项目二 基础操作与项目管理	学习任务一　新建合成与导入素材	2	14
	学习任务二　合成窗口与图层管理	2	
	学习任务三　时间轴面板与关键帧	4	
	学习任务四　渲染与输出设置	6	
项目三 视频剪辑与转场效果	学习任务一　视频剪辑基础	6	18
	学习任务二　转场效果制作	6	
	学习任务三　蒙版与轨道遮罩	6	
项目四 特效处理与动画设计	学习任务一　色彩校正与调色	6	30
	学习任务二　文字动画与图形设计	6	
	学习任务三　动态跟踪与稳定	6	
	学习任务四　案例（动态海报设计）	12	
项目五 三维空间与摄像机	学习任务一　三维空间基础	6	30
	学习任务二　三维动画设计	6	
	学习任务三　灯光类型与设置	6	
	学习任务四　案例（立体文字设计）	12	
项目六 综合项目实践	学习任务一　表达式与脚本	6	24
	学习任务二　粒子系统与模拟效果	6	
	学习任务三　案例（品牌宣传视频）	12	

目 录

项目一 绪论

学习任务一　视频处理基础概念 002
学习任务二　After Effects 2023 安装与界面介绍 007

项目二 基础操作与项目管理

学习任务一　新建合成与导入素材 014
学习任务二　合成窗口与图层管理 019
学习任务三　时间轴面板与关键帧 024
学习任务四　渲染与输出设置 030

项目三 视频剪辑与转场效果

学习任务一　视频剪辑基础 037
学习任务二　转场效果制作 042
学习任务三　蒙版与轨道遮罩 049

项目四 特效处理与动画设计

学习任务一　色彩校正与调色 060
学习任务二　文字动画与图形设计 070
学习任务三　动态跟踪与稳定 079
学习任务四　案例（动态海报设计）..............................083

项目五 三维空间与摄像机

学习任务一　三维空间基础 091
学习任务二　三维动画设计 097
学习任务三　灯光类型与设置 104
学习任务四　案例（立体文字设计）..............................113

项目六 综合项目实践

学习任务一　表达式与脚本 119
学习任务二　粒子系统与模拟效果 123
学习任务三　案例（品牌宣传视频）..............................129

项目一
绪论

学习任务一　视频处理基础概念
学习任务二　After Effects 2023 安装与界面介绍

视频处理基础概念

教学目标

（1）专业能力：能理解视频处理的基本概念和技术原理，熟悉 After Effects 2023 的界面和基本工具。

（2）社会能力：能在团队合作中有效沟通和协作，共同完成项目，能理解视频处理在社会中的应用和影响力。

（3）方法能力：能掌握视频处理的基本方法和流程，会使用 After Effects 2023 进行基本的视频处理。

学习目标

（1）知识目标：了解视频处理的基本概念和技术原理，熟悉 After Effects 2023 的界面和基本工具。

（2）技能目标：掌握视频处理的基本方法和流程，能使用 After Effects 2023 进行基本的视频处理。

（3）素质目标：培养学生的创新思维和审美能力，提高学生的团队合作和沟通能力。

教学建议

1. 教师活动

介绍视频处理的基本概念和应用领域，演示 After Effects 2023 的界面和基本工具的使用方法，讲解视频处理的基本方法和流程，并进行示范操作；组织学生进行小组讨论，分享学习心得和体会。

2. 学生活动

认真听讲，记录 After Effects 2023 的界面和基本工具重点内容；跟随教师的演示和操作，熟悉界面和工具；积极参与小组讨论，分享自己的学习心得和体会；完成课后作业，巩固所学知识。

一、学习问题导入

同学们，大家好！欢迎来到本次课程，我们即将踏上一场关于 After Effects 2023 视频处理基础概念的探索之旅。在这个充满创意与技术的领域里，视频处理不仅是将原始素材转化为精美作品的魔法，更是我们表达自我、传递信息的重要手段。那么，在正式进入学习之前，让我们先来初步了解一下 After Effects 2023 视频处理的基础概念。

After Effects 是 Adobe 公司推出的一款功能强大的专业视频处理软件。它广泛应用于电影、电视、广告、网络视频等多媒体领域，为影视后期制作和创意动画创作提供了丰富的工具。After Effects 通常缩写为 AE，本书使用的版本是 After Effects 2023。

After Effects 2023 提供了丰富的动态图像设计工具，包括动态跟踪、运动模糊、光效等，用户可以利用这些工具实现各种想象中的视觉效果。同时，该软件还支持多层合成，用户可以在一个项目中处理多个图层，并进行复杂的合成操作。该软件支持关键帧动画，用户可以对图层的各种属性进行动画设置，实现精细的动画效果。此外，After Effects 2023 还内置了丰富的动画预设，用户可以快速应用并进行自定义修改，提高工作效率。

After Effects 2023 优化了渲染引擎，提高了渲染速度和效率。它支持原生 H.264 编码，使得用户可以更便捷地导出和分享 MP4 格式的视频作品。作为 Adobe Creative Cloud 套件的一部分，After Effects 2023 可以与其他 Adobe 软件无缝集成，如 Photoshop、Illustrator 等，方便用户在不同应用之间交换和整合内容。After Effects 2023 新增与改进了一系列功能，如合成预设列表、轨道遮罩图层、动画预设增强等，进一步提升了用户的工作效率和创作灵活性。

After Effects 2023 的视频处理功能可以实现创意无限的动画效果、色彩丰富的视觉风格、精细的合成修饰以及专业的动态图形设计。无论你是从事影视制作、广告创意设计还是个人视频创作，After Effects 2023 都是不可或缺的得力助手。

After Effects 图标如图 1-1 所示。

图 1-1　After Effects 图标

二、学习任务讲解

在学习 After Effects 2023 视频处理的过程中，掌握基础概念是至关重要的一步。这些基础概念不仅构成了视频处理知识体系的基石，也是后续深入学习和实践的基础。下面，将从多个方面详细讲解视频处理基础概念，帮助大家建立起扎实的理论基础。

1. 与 After Effects 2023 相关的基础知识

与 After Effects 2023 相关的基础知识中，电视制式、帧速率、分辨率以及像素长宽比是视频制作与后期处理中不可或缺的概念。

（1）电视制式。

电视制式是指电视广播系统中用于传输和接收图像及声音信号的技术标准。目前世界上广泛使用的电视制式主要有三种：PAL、NTSC 和 SECAM。

PAL：逐行倒相制，主要应用于欧洲及部分亚洲国家。PAL 制式的帧速率为 25 fps，每帧包含 625 行扫描线，其中有效扫描线为 576 行，采用隔行扫描方式。PAL 制式的色彩编码方式为 YUV，标准分辨率为 720×576，画面宽高比为 4∶3，适合在大多数电视屏幕上播放。

NTSC（National Television System Committee）：正交平衡调幅制，主要应用于美国、日本及部分拉丁美洲国家。NTSC 制式的帧速率为 29.97 fps（近似为 30 fps），每帧包含 525 行扫描线，其中有效扫描线为 480 行，同样采用隔行扫描方式。NTSC 制式的标准分辨率为 720×480，画面宽高比也为 4∶3，但因其帧速率较高，在动态场景中的表现更为流畅。

SECAM：按顺序传送彩色与存储制，主要应用于法国及部分东欧国家。SECAM 制式在色彩传输上采用调频方式，与其他两种制式在技术上有所不同，在全球范围内的应用相对较少。

（2）帧速率。

帧是视频图像的基本单位，表示视频流中的单一画面。帧速率是指画面每秒传输帧数。例如，我们说的 30 fps 是指每秒钟由 30 张画面组成，那么 30 fps 在播放时会比 15 fps 流畅很多。

帧速率设置如图 1-2 所示。

（3）分辨率。

分辨率是指视频图像中像素点的数量，通常以水平像素数 × 垂直像素数的形式表示。分辨率越高，图像越清晰，细节表现越丰富。目前市面上主流的电视分辨率包括 480P（标清）、720P（高清）、1080P（全高清）、4K（超高清）和 8K 等。其中，4K 和 8K 分辨率因其极高的像素密度和细腻的画质表现，成为高端视频制作和观看的首选。

分辨率设置如图 1-3 所示。

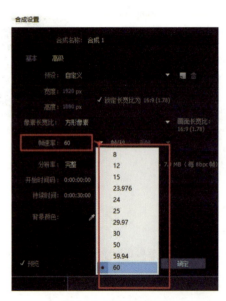

图 1-2　帧速率设置

图 1-3　分辨率设置

（4）像素长宽比。

像素长宽比是指单个像素在水平方向和垂直方向上的尺寸比例。在传统的电视和视频制作中，像素长宽比通常为 1∶1（即正方形像素），随着高清和超高清技术的发展，为了适应不同显示设备的屏幕比例和观众的观看习惯，像素长宽比发生了变化。例如，在 HDTV 中广泛使用的 16∶9 屏幕比例就需要通过调整像素长宽比来实现最佳显示效果。

了解这些基础知识对于使用 After Effects 2023 进行视频处理至关重要。它们不仅决定了视频的质量和观看体验，还影响着视频在不同设备和平台上的兼容性和播放效果。因此，在制作和处理视频时，需要根据实际需求选择合适的电视制式、帧速率、分辨率和像素长宽比等参数。

2. After Effects 2023 的视频处理功能

After Effects 2023 的视频处理功能极为强大，它赋予了你无限的创意空间，让你能够制作出令人惊叹的视觉效果。以下是你可以通过 After Effects 2023 在视频处理方面实现的一些精彩内容。

创意动画与过渡效果：你可以利用 After Effects 2023 中的关键帧动画功能，为视频添加流畅的过渡效果、动态文字、图形元素等。无论是简单的淡入淡出，还是复杂的 3D 旋转、缩放动画，After Effects 2023 都能轻松实现，让你的视频更加生动有趣。

色彩校正与增强：After Effects 2023 提供了丰富的色彩校正工具，让你能够调整视频的色调、亮度、对比度等参数，以达到理想的视觉效果。此外，你还可以使用色彩分级功能，为视频添加独特的色彩风格，使其更具艺术感。

特效合成与修饰：通过将多个视频片段、图像和音频素材合成在一起，你可以创造出全新的视觉效果。After Effects 2023 的多层合成功能让你能够轻松管理这些素材，并通过遮罩、不透明度调整等手段实现精细的合成效果。此外，你还可以使用特效插件为视频添加火焰、水流、爆炸等复杂特效，使场景更加逼真。

动态图形设计：After Effects 2023 不仅是视频处理的利器，也是动态图形设计的强大工具。你可以使用它来创建动画 logo、图标、信息图表等，为视频增添专业感和视觉冲击力。

视频修复与稳定：如果你的视频素材存在抖动、噪点等问题，After Effects 2023 也提供了相应的修复工具，你可以使用视频稳定功能来消除抖动，或者使用去噪工具来减少噪点，使视频画面更加清晰稳定。

After Effects 2023 处理雨滴画面如图 1-4 所示。

图 1-4　After Effects 2023 处理雨滴画面

三、学习任务小结

通过本次课的学习，同学们深刻理解了视频处理的核心要素，包括电视制式、帧速率、分辨率、像素长宽比等基础知识，以及它们在视频制作中的重要作用，为后续的视频编辑和制作打下了坚实的基础。此外，同学们还认识到视频处理技术的多样性和复杂性，需要不断学习和实践，才能熟练掌握视频处理技术。本次学习让同学们对视频处理有了更全面的认识，也激发了同学们对视频创作的兴趣和热情。

四、课后作业

思考：学会了 After Effects 2023，我能做什么？After Effects 2023 的功能非常强大，适合很多设计行业领域。熟练掌握 After Effects 2023 的应用，可以为我们打开设计的大门，在未来就业时，我们可以有更多选择。目前 After Effects 2023 的热点应用行业包括影视（特效制作、片头片尾设计、宣传片制作等）、广告、动画、短视频、自媒体等。我们学会 After Effects 2023 后，能将其用于学习、工作、生活中的哪些方面呢？

学习任务二 After Effects 2023 安装与界面介绍

教学目标

（1）专业能力：掌握 After Effects 2023 的安装流程，能独立完成 After Effects 2023 软件的下载、安装及基础配置，确保软件正常运行；能识别并理解 After Effects 2023 的界面布局。

（2）社会能力：通过小组讨论和实践，培养学生的团队协作精神和沟通能力；培养学生自主查找和使用软件安装教程的能力，提高学生获取信息和解决问题的能力。

（3）方法能力：在面对安装失败、界面操作障碍等问题时，学生能够运用批判性思维和逻辑推理，尝试使用多种方法解决问题。

学习目标

（1）知识目标：了解 After Effects 2023 的基本功能、应用领域及其在影视后期制作中的重要性；掌握软件安装过程中需要注意的事项，如系统兼容性、安装路径选择等。

（2）技能目标：能独立完成 After Effects 2023 的安装与配置；能熟练操作软件，包括创建新项目、导入素材、设置合成、调整图层属性等。

（3）素质目标：培养学生的耐心和细心品质，确保在安装和界面操作中不遗漏重要步骤；增强学生的自信心和成就感，通过成功安装并初步掌握软件操作方法，激发学生的学习兴趣和动力。

教学建议

1. 教师活动

（1）课前准备：提前准备好 After Effects 2023 的安装包及官方安装指南，确保教学材料齐全。

（2）示范讲解：通过多媒体教学设备，演示软件的安装过程及基础操作，注重细节和注意事项的讲解。

（3）分组指导：将学生分成几个小组，每组分配一名教师或助教进行安装过程中的指导和答疑。

2. 学生活动

（1）预习准备：提前阅读教材或观看预习视频，了解 After Effects 2023 的基本概念和安装流程。

（2）动手实践：按照教师示范的步骤，独立完成软件的安装和界面探索，记录遇到的问题和解决方案。

（3）小组讨论：在小组内分享安装经验、界面使用心得及遇到的问题，共同寻找解决方案。

一、学习问题导入

同学们，大家好！After Effects 2023 安装便捷，下载解压后，以管理员身份运行安装，选择路径即可。界面升级，新增强大功能，如轨道遮罩、H.264 直接输出、合成预设等，助力高效创作动画，期待大家探索其无限可能！

首先我们来认识 After Effects 2023 的工作界面，After Effects 2023 的工作界面是一个高度集成且功能丰富的环境，专门为影视后期制作和视觉特效设计。这个界面布局精细，便于用户高效地访问各种工具、面板和菜单，从而创作出令人惊叹的视觉效果。

After Effects 2023 的工作界面由菜单栏、工具栏、项目面板、合成面板、时间轴面板、效果和预设面板、效果控件面板、其他面板（如字符面板、段落面板、音频面板、信息面板、对齐面板和分布面板等）组成。这些面板和工具共同构成了 After Effects 2023 的工作界面，为用户提供了一个强大而灵活的环境来创作高质量的视觉特效。用户可以根据自己的需求和偏好，通过"窗口"菜单来打开或关闭这些面板，以优化工作界面的布局。Adobe After Effects 2023 图标如图 1-5 所示。

图 1-5　Adobe After Effects 2023 图标

二、学习任务讲解

1. 下载和安装 After Effects 2023

（1）访问 Adobe 官网：访问 Adobe 官方网站（www.adobe.com）（见图 1-6），确保你访问的是官方网站，以防下载到非官方或带有恶意软件的版本。

（2）注册或登录 Adobe 账户：如果你还没有 Adobe 账户，需要先进行注册。已有账户的用户则直接登录。

（3）下载 Adobe Creative Cloud：登录后，你可能需要下载并安装 Adobe Creative Cloud 应用程序。这是 Adobe 提供的一个一站式平台，用于管理、下载和更新 Adobe 的软件产品。

（4）查找并下载 After Effects 2023：在 Adobe Creative Cloud 中，浏览或搜索"After Effects"，找到 AE 2023 版本，并点击"下载"和"安装"按钮。

2. 菜单栏

After Effects 2023 菜单栏如图 1-7 所示。

图 1-6　Adobe 官网

图 1-7　After Effects 2023 菜单栏

（1）文件菜单：主要用于执行打开、关闭、保存项目以及导入素材等操作。

（2）编辑菜单：主要用于剪切、复制、粘贴、拆分图层、撤销以及设置首选项等操作。

（3）合成菜单：主要用于新建合成以及合成相关参数设置等操作。

（4）图层菜单：主要用于新建图层、混合模式、图层样式以及与图层相关的属性设置等操作。

（5）效果菜单：选中"时间轴"面板中的素材，效果菜单主要用于为图层添加各种效果滤镜等操作。

（6）动画菜单：主要用于设置关键帧、添加表达式等与动画相关的参数设置等操作。

（7）视图菜单：主要用于合成视图面板中的查看和显示等操作。

（8）窗口菜单：主要用于开启和关闭各种面板。

（9）帮助菜单：主要用于提供 After Effects 的相关帮助信息。

3. 工具栏

After Effects 2023 工具栏如图 1-8 所示。

（1）选取工具（V）：用于选择 AE 中的元素，如图层、蒙版、关键帧等。

（2）手形工具（H）：主要用于拖动调整各面板预览位置，特别是合成窗口，以便更好地查看和编辑项目。

（3）缩放工具（Z）：用于放大或缩小合成窗口中的视图，以便更精细地编辑项目。

（4）旋转工具（W）：用于旋转合成窗口中的素材，如图片、视频等。

（5）绘图工具组：包括矩形工具、椭圆工具、多边形工具、星形工具等。

（6）钢笔工具（P）：用于绘制精确的路径和遮罩（蒙版），可以创建不规则形状的图形或控制图形的显示区域。

（7）横排文字工具（T）：用于在合成窗口中输入横排文字，并且可以制作文字动画，如透明度动画、位移动画等。

（8）画笔工具（B）：用于在合成窗口中绘制自由形状或进行局部修改，如画笔描边、颜色填充等。

（9）其他工具：工具栏可能还包含其他专业工具，如锚点工具（用于移动对象的中心点）、遮罩工具（用于生成遮罩以控制图层显示区域）、音频工具（用于处理音频素材）等。这些工具的具体功能和使用方法可能因 AE 版本和用户需求的不同而有所不同。

图 1-8　After Effects 2023 工具栏

4."项目"面板

"项目"面板的上方为素材的信息栏，分别有名称、类型、大小、帧速率等，依次从左到右进行显示，如图 1-9 所示。

（1）菜单按钮：该按钮在"项目"面板的上方，单击该按钮可以打开"项目"面板的相关菜单，对"项目"面板进行相关操作。

（2）搜索栏：在"项目"面板中可进行素材

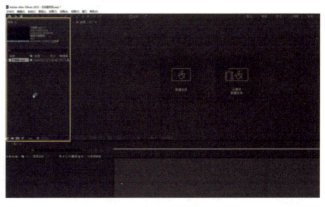

图 1-9　After Effects 2023"项目"面板

或合成的查找搜索，适用于素材或合成较多的情况。

（3）新建文件夹按钮：单击该按钮可以在"项目"面板中新建一个文件夹，方便管理素材。

（4）新建合成按钮：单击该按钮可以在"项目"面板中新建一个合成。

（5）项目设置按钮：单击该按钮可以打开"项目设置"面板并调整项目渲染参数。

（6）删除所选项目按钮：选择"项目"面板中的图层，单击该按钮即可进行删除操作。

5."合成"面板

"合成"面板是 AE 中用于显示和编辑当前合成画面的区域，如图 1-10 所示。它不仅展示了合成内的所有图层及其堆叠顺序，还允许用户实时预览和调整合成效果。通过该面板，用户可以直观地看到每一个图层在合成中的表现，以及它们之间的相互作用。

（1）图层管理：用户可以在"合成"面板中自由添加、删除、移动图层，调整图层的堆叠顺序，从而控制不同元素在画面中的显示顺序。

（2）实时预览：提供实时预览功能，让用户能够即时看到对合成所做的任何调整效果，方便进行精细调整和优化。

（3）合成设置：通过"合成"面板，用户可以轻松访问合成设置选项，如分辨率、帧速率、时长等，以适应不同的输出需求。

6."时间轴"面板

After Effects 2023 的"时间轴"面板（见图 1-11）是编辑动画效果的关键区域，具备多种重要功能。

（1）时间控制：面板顶部显示时间指针和标尺，支持精确到帧的时间调整，便于用户精确定位动画的每一帧。

图 1-10　After Effects 2023 "合成"面板

（2）图层管理：以堆栈形式展示图层，支持拖动调整图层顺序。用户可以为图层设置关键帧，创建复杂的动画效果。

（3）属性调整：直接在面板中调整图层的各种属性，如位置、旋转、缩放、不透明度等，并实时预览效果。

（4）功能按钮：提供查找素材、显示/隐藏控制、帧混合与运动模糊等功能按钮，满足用户不同的编辑需求。

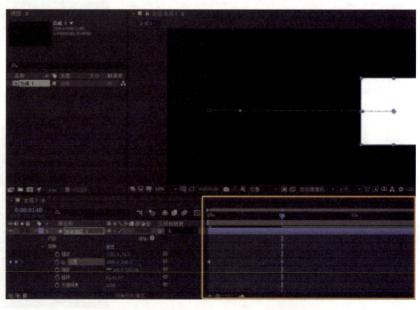

图 1-11　After Effects 2023 "时间轴"面板

（5）布局与显示：支持自定义面板布局，用户可以根据工作习惯调整面板大小、位置。同时，可以显示或隐藏面板中的列，如时间码、注释等，以满足不同的信息查看需求。

After Effects 2023 的"时间轴"面板为用户提供了一个高效、灵活的动画编辑环境。

7."效果和预设"面板

在"效果和预设"面板（见图 1-12）中，用户可以轻松浏览并应用各类效果，如颜色校正、过渡、扭曲等，每种效果都包含细致可调的参数，允许用户根据个人需求进行精确定制。此外，预设库提供了一系列预配置的效果组合，从经典到前卫，覆盖多种风格与场景，用户只需一键应用，即可将其快速融入项目之中。

该面板的直观界面和高效搜索功能，使得寻找和应用效果变得简单快捷。无论是专业设计师还是初学者，都能通过"效果和预设"面板，快速实现创意构想，提升作品质量。它不仅是 AE 中的一项重要功能，更是影视后期制作中不可或缺的创意加速器。

图 1-12　After Effects 2023 "效果和预设"面板

8."效果控件"面板

After Effects 2023 "效果控件"面板如图 1-13 所示。该面板具有以下功能。

（1）效果参数显示：当为图层应用效果后，"效果控件"面板会自动显示该效果的所有可调参数。这些参数包括但不限于位置、缩放、旋转、不透明度等基本属性，以及特定效果所独有的设置项，如颜色校正的色调、饱和度或模糊效果的模糊程度等。

（2）实时预览：在调整效果参数时，用户可以在合成窗口中实时预览参数变化对画面产生的影响，从而更加精确地控制呈现的效果。

（3）关键帧动画：用户可以为效果控件中的任何参数设置关键帧，通过在不同时间点调整参数值，创建随时间变化的动画效果。这种能力使得 After Effects 在动画制作领域具有极高的灵活性和创造性。

（4）效果管理与复制：在"效果控件"面板中，用户可以轻松地管理已应用的效果，包括删除、复制和

图 1-13　After Effects 2023 "效果控件"面板

粘贴效果等。这有助于在多个图层之间快速复制相同的效果设置，提高工作效率。

（5）高级控制选项：对于某些复杂的效果，After Effects 还提供了高级控制选项，如表达式控制、遮罩控制等，以满足用户对效果控制的精细需求。

9. 其他常用面板

在 After Effects 2023 中还有一些面板在操作时会用到，如"信息"面板、"音频"面板、"预览"面板、"图层"面板等。我们在需要显示某些面板时，可以在菜单栏中选择"窗口"，在打开的下拉菜单中勾选需要的面板。

三、学习任务小结

通过本次课的学习，同学们掌握了 After Effects 2023 的安装步骤和界面布局。安装过程中，我们需要注意系统要求和安装包的来源，确保软件的合法性和稳定性。在界面介绍部分，我们了解了"项目"面板、"时间轴"面板、"合成"面板、"效果控件"面板等核心区域的功能和特点，为后续的学习和创作打下了坚实的基础。

四、课后作业

根据个人习惯，尝试调整 After Effects 2023 的工作区布局，如面板位置、大小等，并截图展示你的自定义工作区。简述你的调整理由及改进后的使用体验。基于以上探索，撰写一篇简短的学习小结，总结你在安装步骤与界面布局学习过程中的收获与体会。

项目二
基础操作与项目管理

学习任务一　新建合成与导入素材
学习任务二　合成窗口与图层管理
学习任务三　时间轴面板与关键帧
学习任务四　渲染与输出设置

新建合成与导入素材

教学目标

（1）专业能力：能新建项目，新建合成，掌握素材导入的方法。

（2）社会能力：能根据不同的视频格式要求，建立项目与合成，灵活导入素材并进行素材分类。

（3）方法能力：培养学生举一反三的能力，引导学生养成分类整理的好习惯。

学习目标

（1）知识目标：掌握新建项目、新建合成、导入素材的步骤和方法。

（2）技能目标：能根据素材新建项目、新建合成。

（3）素质目标：激发学生的探索欲望，培养学生终身学习的习惯。

教学建议

1. 教师活动

（1）收集丰富的素材（包括图片、音频、视频、序列文件等），让学生尝试根据素材新建序列，观察两种新建序列的区别。

（2）精心挑选简单、美观的 AE 动画，在课堂上用于激发学生对 AE 的学习兴趣和好奇心。

2. 学生活动

（1）在教师的指导下，尝试新建合成、新建序列，保存源文件并导出正确的视频。

（2）根据教师布置的任务，导入多种类型的素材后，在"项目"面板中对素材进行分类整理。

一、学习问题导入

同学们，大家好！本次课程，我们将学习新建合成与导入素材。项目和合成是两个不同的概念，但它们紧密相关，共同构成了视频和动画编辑工作的基础。项目是 AE 中用于组织和存储所有创作元素的容器，包括合成的设置、导入的素材、动画效果、渲染设置等。它相当于一个完整工程的"外壳"，所有与创作相关的内容都被包含在内。合成是 AE 中用于将多个图层（如视频、图片、文本、形状等）组合在一起，并应用各种效果和动画来创建场景或画面的工作区域。它是项目的一个重要组成部分，也是实现创意和效果的关键环节。在有了项目与合成后，导入素材是创作过程的第一步，也是至关重要的一步。导入的素材可以是视频、图片、音频、文字等多种类型，它们构成了后续编辑和制作动画的基础。

二、学习任务讲解

1. 新建项目

项目是指用于存储合成文件及该项目中所有素材的源文件，新建项目的方法主要有以下两种。

（1）在主页新建：启动 AE 后，在主页中单击新建项目按钮。

（2）通过菜单命令新建：若已经进入 AE 的工作界面，可在 AE 中执行"文件"—"新建"—"新建项目"命令，或按 Ctrl + Alt + N 组合键。

2. 新建合成

单击"新建合成"按钮，或在"项目"面板空白处单击鼠标右键，执行"新建合成"命令，弹出"合成设置"对话框，如图 2-1 所示。

（1）预设：在"合成设置"对话框中，"预设"是指不同的视频格式。一般情况下，我们可以选择"HD · 1920×1080 · 25 fps"，或者选择"自定义"，在"自定义"预设下，我们可在"宽度"和"高度"中设置数值。如果输出竖屏的视频，我们常用 1080×1920 的视频格式。

（2）宽度、高度：分别用于设置合成的宽度和高度，若单击选中"锁定长宽比为 16：9（1.78）"复选框，宽度与高度的比例将保持不变。

（3）像素长宽比：用于设置像素长宽比，可根据制作要求自行选择，默认选择"方形像素"选项。

（4）帧速率：用于设置帧速率，该数值越大，画面越精致，文件也越大。

（5）分辨率：用于设置在"合成"面板中的显示分辨率。

（6）开始时间码：用于设置合成的播放开始时间，默认为 0 帧。

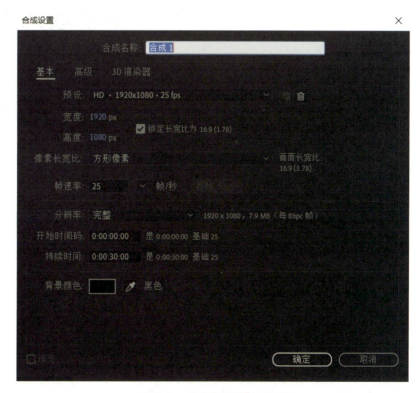

图 2-1 "合成设置"对话框

（7）持续时间：用于设置合成的播放时长。

（8）背景颜色：用于设置合成的背景颜色。

另外，在"合成设置"对话框的"高级"选项卡中可以设置合成图像的轴心点、嵌套时合成图像的帧速率，以及运用运动模糊效果后模糊量的强度和方向；在"3D 渲染器"选项卡中可以设置用 AE 进行三维渲染时所使用的渲染器。

3. 导入素材

AE 可以导入多种类型的素材，素材类型不同，导入素材的方法也有所区别。

（1）导入常用素材：在导入 MP4、AVI、JPEG、MP3 等格式的常用素材时，可直接执行"文件"—"导入"—"文件"命令；也可以在"项目"面板的空白区域双击鼠标左键，或在"项目"面板的空白区域单击鼠标右键，在弹出的快捷菜单中执行"导入"—"文件"命令；还可以直接按 Ctrl + I 组合键。这些方法都可以打开"导入文件"对话框，从中选择需要导入的一个或多个常用素材，单击导入按钮完成导入操作，如图 2-2 所示。

（2）导入序列素材：序列素材是指一组名称连续且后缀名相同的素材，如"DragonWings_0001.png""DragonWings_0002.png""DragonWings_0003.png"。AE 将自动导入所有名称连续且后缀名相同的素材，并在"项目"面板中显示为单个文件，如图 2-3 所示。如果是其他格式的序列素材，则复选框的名称会有所变动，但位置不变。

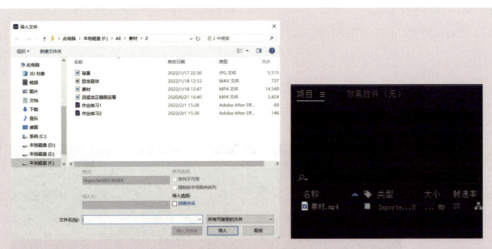

图 2-2　导入常用素材

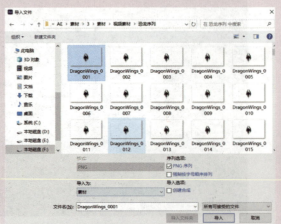

图 2-3　导入序列素材

4. 案例操作

步骤一：打开 After Effects 2023，执行"文件"—"新建"—"新建项目"命令，如图 2-4 所示。单击"新建合成"命令，如图 2-5 所示。弹出"合成设置"对话框，在"合成名称"中输入"星云"，其他选项如图 2-6 所示。单击"确定"按钮，创建一个新的合成"星云"。

步骤二：执行"文件"—"导入"—"文件"命令，如图 2-7 所示。选择素材"星云"后，单击导入按钮，如图 2-8 所示。

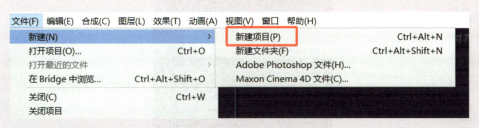

图 2-4　新建项目

图 2-5　新建合成

图 2-6　在"合成名称"中输入"星云"

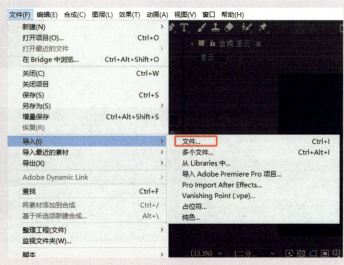

图 2-7　执行"文件"—"导入"—"文件"命令

图 2-8　选择素材"星云"后，单击导入按钮

步骤三：执行"文件"—"导出"—"添加到渲染队列"命令，如图 2-9 所示。进入"渲染队列"面板，单击"渲染"命令，如图 2-10 所示。

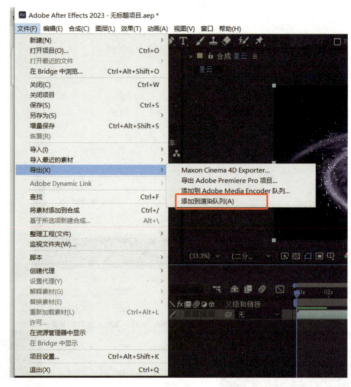

图 2-9　执行"文件"—"导出"—"添加到渲染队列"命令

图 2-10　进入"渲染队列"面板，单击"渲染"命令

三、学习任务小结

通过本次课的学习，同学们全面掌握了 AE 新建项目与合成的方法和步骤，并能够灵活导入素材。通过相关的案例操作，同学们巩固了以上知识点。课后，大家要反复练习本次课所学知识和技能，做到熟能生巧。

四、课后作业

观察图 2-11，使用给定的素材，完成固定镜头案例设计。

图 2-11　固定镜头案例设计

合成窗口与图层管理

教学目标

（1）专业能力：了解合成窗口的功能，明白图层的概念和图层的种类，掌握图层的五种属性。

（2）社会能力：能根据自身的需求新建不同类型的图层，能根据效果分析简单动画的运动属性。

（3）方法能力：培养学生勇于尝试的品质。

学习目标

（1）知识目标：了解合成窗口的功能，掌握图层的概念和图层的五种属性。

（2）技能目标：能在完成编辑工作时，快速说出合成窗口中工具的作用，以及图层的五种属性。

（3）素质目标：培养学生思考问题、解决问题的能力。

教学建议

1. 教师活动

展示、讲解案例，让学生理解合成窗口和图层的概念与功能。同时，营造轻松活跃的课堂氛围，鼓励学生积极提问、交流想法，通过讨论培养学生解决问题的能力。

2. 学生活动

对合成窗口和图层管理进行实操练习，加深对本次课知识点的理解。

一、学习问题导入

同学们,欢迎进入 AE 课堂。本次课程,我们将深入探讨 After Effects 2023 软件中合成窗口与图层管理的知识。合成窗口是剪辑师处理视频时的监视器,通过合成窗口,剪辑师能直观地看到每一步操作的效果。合成窗口中的快捷按钮可以提高剪辑效率。在剪辑过程中,图层面板直接控制画面内容及动画效果。本次课程的任务是通过案例实操了解合成窗口,掌握图层面板的功能,为日后做出更复杂的动画效果做铺垫。

二、学习任务讲解

1. 合成窗口

合成窗口如图 2-12 所示。

(1)放大率  :用于设置画面当前在"合成"面板中进行预览的放大率。

(2)分辨率 :用于设置画面显示的分辨率。

(3)"快速预览"按钮 :单击该按钮,可在弹出的快捷菜单中选择预览方式,如自适应分辨率、线框等。

(4)"切换透明网格"按钮 :单击该按钮,合成中的背景将以透明网格的方式显示。

图 2-12 合成窗口

(5)"切换蒙版和形状路径可见性"按钮 :单击该按钮,可在画面中显示或隐藏蒙版和形状路径。

(6)"目标区域"按钮 :添加蒙版后,单击该按钮,可显示画面中的目标区域。

(7)"选择网格和参考线选项"按钮 :用于选择网格、标尺、参考线等辅助工具,实现精确编辑对象的操作。

(8)"显示通道及色彩管理设置"按钮 :单击该按钮,可在弹出的快捷菜单中选择显示画面中的通道选项,若选择"设置项目工作空间"选项,将打开"项目设置"对话框,并自动选择"颜色"选项卡,在其中可进行色彩管理设置。

(9)"重置曝光度(仅影响视图)"按钮 :单击该按钮,可重置曝光度参数,单击鼠标左键后直接输入数值,或按住鼠标左键不放并左右拖曳该按钮右侧的蓝色数字,可修改曝光度参数。

(10)"拍摄快照"按钮 :单击该按钮,可将合成中的画面保存在 AE 缓存文件中,用于前后对比,但保存的图片无法调出使用。

(11)"显示快照"按钮 :单击该按钮,可显示拍摄的上一张快照图片。

(12)"预览时间"按钮 0:00:00:00 :单击该按钮,可打开"转到时间"对话框,在其中可设置时间指示器跳转的具体时间点。

2. 认识图层

图层是合成的主要元素,如果没有图层,合成就只是一个空白的画面。一个合成中可以只存在一个图层,也可以存在成百上千个图层。单个空白的图层可以看作一张透明的纸,将多张有内容的纸按照一定的顺序叠放在一起，纸上的所有内容就可以形成最终的画面效果。

（1）图层的类型。

将"项目"面板中的素材拖曳至"时间轴"面板，会自动生成与素材名称相同的图层，且同一个素材可以作为多个图层的源。除此之外，还可根据需要新建不同类型的图层。在"时间轴"面板左侧的空白区域单击鼠标右键，在弹出的快捷菜单中选择"新建"命令，从子菜单中选择相应的命令即可新建图层，如图2-13所示。新建的图层显示在图层控制区中，如图2-14所示。图层可以分为文本图层、纯色图层、灯光图层、摄像机图层、空对象图层、形状图层、调整图层。

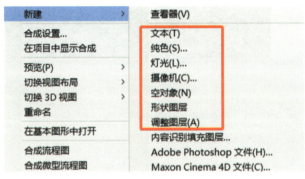

图2-13　从子菜单中选择相应的命令即可新建图层

图2-14　新建的图层显示在图层控制区中

①文本图层：用于承载文本对象，图层的名称默认为"＜空文本图层＞"，图层名称前的图标为■，在"合成"面板中输入文本，则该文本所在图层的名称将自动变为输入的文本内容。使用文字工具组中的工具在"合成"面板中单击定位文本插入点后，"时间轴"面板中也会自动新建一个文本图层。

②纯色图层：用于充当背景或其他图层的遮罩，也可以通过配合效果来制作特效。纯色图层的默认名称为该纯色图层的颜色名称＋"纯色"，图层名称前的图标为该纯色图层的颜色色块。

③灯光图层：用于充当三维图层（立体空间上的图层）的光源。如果要为某个图层添加灯光，需要先将二维图层转换为三维图层，然后才能设置灯光效果。灯光图层的默认名称为该图层的灯光类型，图层名称前的图标为■。

④摄像机图层：用于模仿真实的摄像机视角，通过平移、推拉、摇动等各种操作，来控制动态图形的运动效果，但只能作用于三维图层。该图层的默认名称为"摄像机"，图层名称前的图标为■。

⑤空对象图层：虽然空对象图层不会被AE渲染出来，但它具有很强的实用性。例如当文件中有大量的图层需要做相同的设置时，可以先建立空对象图层，将需要做相同设置的图层通过父子关系链接到空对象图层，再调整空对象图层就能同时调整这些图层。另外，也可以将摄像机图层通过父子关系链接到空对象图层，通过移动空对象图层来实时控制摄像机。空对象图层的默认名称为"空"，图层名称前的图标为白色色块。

⑥形状图层：用于建立各种简单或复杂的形状或路径，结合形状工具组和钢笔工具组中的各种工具可以绘制出各种形状。该图层的默认名称为"形状图层"，图层名称前的图标为■。

⑦调整图层：调整图层类似于一个空白的图像，用于调整图层中的效果时会应用于在它位置之下的所有图层，所以调整图层常用于统一调整画面色彩、特效等。该图层的默认名称为"调整图层"，图层名称前的图标也为白色色块。

另外，选择子菜单中的"内容识别填充图层"命令时，将自动打开"内容识别填充"面板，结合AE的跟踪功能，通过该面板创建相应图层，可以移除视频中不需要的对象。

AE不能对图层进行编组，若想将多个图层整合在一起，就需要通过嵌套来实现。具体操作方法为：将合成作为图层添加到另一个合成中，或选择多个图层后，按 Ctrl+Shift+C 组合键，打开"预合成"对话框，在其中设置新合成名称、图层时间范围等参数，再单击确定按钮，将所选图层创建为预合成图层。

（2）图层的基本属性。

除了音频所在的图层外，其他类型的图层都具有锚点、位置、缩放、旋转和不透明度五种基本属性。在"时间轴"面板单击图层图标左侧的下拉按钮，可展开该图层，再单击"变换"栏左侧的按钮将其展开，即可看到这五种基本属性及其对应的参数值，如图 2-15 所示。其中锚点、位置和缩放属性的参数值代表 X 轴和 Y 轴方向上的参数（X 轴和 Y 轴的数值起点在画面左上角）。

① 锚点：设置锚点属性可以改变图层中对象移动、缩放、旋转的参考点。锚点所在的位置不同，变换的效果可能就会不同。默认情况下，锚点位于图层的中心位置。

② 位置：设置位置属性可以改变该图层中对象在合成中的位置。

图 2-15　五种基本属性及其对应的参数值

③ 缩放：设置图层的缩放属性可以使图层中的对象以锚点为中心，产生放大或缩小的效果。

④ 旋转：设置图层的旋转属性可以使图层中的对象以锚点为中心进行旋转。

⑤ 不透明度：设置图层的不透明度属性可以使图层中的对象产生半透明效果，其设置范围为 0% ~ 100%。

调整这些属性的参数后，单击 重置 按钮可将调整后的参数恢复到初始状态。

若想快速显示需要调整的图层属性，可在选择图层后，按"A"键显示锚点属性，按"P"键显示位置属性，按"S"键显示缩放属性，按"R"键显示旋转属性，按"T"键显示不透明度属性。

对图层进行顺序调整、拆分等操作，可以有序地组织各个素材，便于进行影视编辑。

3. 案例操作

步骤一：打开 After Effects 2023，执行"新建合成"命令，弹出"合成设置"对话框，在"合成名称"中输入"上学儿童"，其他选项如图 2-16 所示。单击"确定"按钮，创建一个新的合成"上学儿童"。

步骤二：执行"文件"—"导入"—"文件"命令，弹出"导入文件"对话框，选择素材文件中的"儿童"和"小鸟"文件，如图 2-17 所示。单击"导入"按钮，把图片导入"项目"面板，如图 2-18 所示。

图 2-16　在"合成名称"中输入"上学儿童"

图 2-17　选择素材文件中的"儿童"和"小鸟"文件

步骤三：在"项目"面板中选择"上学儿童"文件，将其拖曳到"时间轴"面板中，如图2-19所示。"合成"面板中的效果如图2-20所示。

步骤四：选中"小鸟"图层，选择"选取"工具，在"合成"面板中拖曳图像，按住"Shift"键的同时，拖动控制点缩放图像，并将小鸟调整到合适的位置。"合成"面板中的效果如图2-21所示。

图2-18 把图片导入"项目"面板

图2-19 将"上学儿童"文件拖曳到"时间轴"面板中

图2-20 "合成"面板中的效果（一）

图2-21 "合成"面板中的效果（二）

三、学习任务小结

通过本次课的学习，同学们对合成窗口与图层有了更全面的了解。当我们在编辑视频时，在合成窗口中可以预览视频效果，同时，合成窗口中涵盖了辅助我们编辑的工具，这些工具让我们在绘图时更加精准。而图层则因所放置的顺序不同而存在上下关系，上方的图层会遮盖下方的图层，同时图层还携带许多属性，在后期的课程中我们将会深入讲解。

四、课后作业

观察图2-22，使用给定的素材，完成世界环境日案例设计。

图2-22 世界环境日案例设计

学习任务三 时间轴面板与关键帧

教学目标

（1）专业能力：掌握时间轴面板的基本操作方法，能控制视频播放速度，能理解关键帧的概念及其在动画制作中的应用。

（2）社会能力：能在团队中高效完成视频播放速度调整任务，有效沟通，灵活选择工具适应需求，具备时间管理能力，保证作品质量。

（3）方法能力：快速学习时间轴面板的新功能，解决操作难题；赏析优秀视频作品，整合优质资源，优化编辑流程，提升作品质量。

学习目标

（1）知识目标：理解时间轴面板的基本操作界面、功能布局及视频编辑的专业知识。

（2）技能目标：能熟练操作时间轴面板进行视频播放速度控制，包括加速、减速、反向播放等，能设置和编辑关键帧。

（3）素质目标：能准确分析视频编辑作品的风格特点，清晰表述编辑思路与创意，展现专业素养和良好的沟通能力。

教学建议

1. 教师活动

（1）展示使用时间轴面板制作的优秀视频作品，分析其编辑技巧与创意，提升学生的视频审美素养，激发学生的艺术想象力与创新能力。

（2）挑选具有代表性的视频编辑案例，讲解其背后的故事、编辑手法和文化内涵，传递优秀的创作理念和文化价值观。

2. 学生活动

（1）分组进行视频编辑作品赏析与实践，提高视频播放速度控制技能和艺术表达能力，提升团队协作能力。

（2）参与教师组织的时间轴面板实操训练，通过动手实践，熟练掌握时间轴面板的基本操作与高级编辑功能。

一、学习问题导入

同学们,大家好!在本次课程中,我们将从时间轴面板的基本操作和关键帧的设置开始,逐步深入学习如何通过这些工具来创造生动的动画效果。我们不仅会学习如何通过关键帧来控制动画的起始和结束,还会探讨如何调整关键帧之间的过渡,使动画更加流畅、自然。我们一起来思考如何巧妙地运用时间轴和关键帧,为动画作品注入生命力,让每一个动作都充满节奏感和动感。

二、学习任务讲解

1. 控制播放速度

在时间轴面板中,"伸缩"属性可以改变素材片段的播放速度。默认情况下,"伸缩"值为100%时,以正常速度播放素材片段;"伸缩"值小于100%时,会加快播放速度;"伸缩"值大于100%时,将减慢播放速度,如图2-23所示。

2. 入点和出点

入点(in point)和出点(out point)是用户设置的合成开始和结束的时间点,如图2-24所示。"入"和"出"控制面板可以方便地控制图层的入点和出点信息。在时间轴面板中,调整当前时间标签到某个位置,在按住"Ctrl"键的同时,单击入点或者出点参数,即可实现素材片段播放速度的改变。

图2-23 控制播放速度

图2-24 入点和出点

3. 关键帧

帧是动画中最小单位的单幅影像画面,相当于电影胶片里的一个镜头,而关键帧是指角色或者物体在运动或变化时关键动作所处的那一帧。因此,动画要表现出运动或变化的效果,至少需要在动画的开始和结束位置各添加一个关键帧。

4. 创建关键帧

在AE中开启某个属性的关键帧后,可以通过以下三种方式创建新的关键帧。

(1)将时间指示器移动至需要添加关键帧的时间处,单击该属性左侧的按钮⬤,可以创建该属性的关键帧,同时该按钮变为◆形状。

(2)将时间指示器移动至需要添加关键帧的时间处,直接修改该属性的参数,可以自动创建该属性的关键帧。

(3)选择相应属性所在图层,将时间指示器移动至需要创建关键帧的时间处,然后选择"动画"—"添加关键帧"命令,可以创建该属性的关键帧。

创建关键帧如图2-25所示。

5. 编辑关键帧

将时间指示器移至需要编辑的关键帧所在时间点，将鼠标指针移至属性名称右侧的参数上方，当鼠标指针变为🖐形状时，按住鼠标左键并向左或向右拖曳可改变参数，也可在数值上单击，激活数值框，直接在其中输入相应数值，如图2-26所示。

图2-25 创建关键帧

图2-26 编辑关键帧

6. 关键帧运动路径的基本操作

（1）显示或隐藏关键帧运动路径。默认情况下，关键帧运动路径在"合成"面板中呈显示状态。选择"视图"—"视图选项"命令，打开"视图选项"对话框，在其中可设置运动路径以及手柄、运动路径切线等其他相关控件在"合成"面板中的显示或隐藏，如图2-27所示。

（2）移动关键帧运动路径中的关键帧。选择"选取"工具▶，将鼠标指针移动至方框上方，按住鼠标左键并拖曳，可直接改变该关键帧的位置。

（3）在制作一些对象需要随着路径改变方向的关键帧动画时，除了单独为运动的对象创建旋转属性的关键帧外，还需要选择对象所在图层，选择"图层"—"变换"—"自动方向"命令，打开"自动方向"对话框，选中"沿路径定向"选项，此时，对象可根据路径曲线改变方向，如图2-28所示。

图2-27 显示或隐藏关键帧运动路径

图2-28 打开"自动方向"对话框，选中"沿路径定向"选项

7. 案例操作

步骤一：新建宽度为"1000 px"，高度为"1000 px"，持续时间为"0:00:05:00"的合成，如图2-29所示。

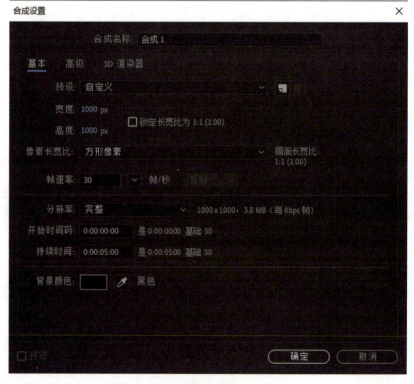

图2-29 步骤一

步骤二：导入素材文件时，在"导入文件"对话框下方的"导入为"下拉列表中选择"合成－保持图层大小"选项，以便为单独的图层添加动画，如图2-30所示。将素材文件中的所有图层拖曳至时间轴面板中，适当调整其位置。

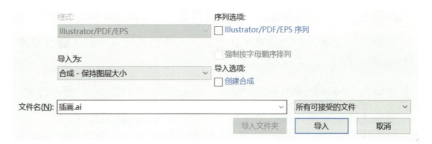

图2-30　步骤二

步骤三：使用"向后平移（锚点）工具" 将月亮中心（锚点）移至下方，将月亮倒影的预合成中心（锚点）移至上方，然后为月亮和月亮倒影添加缩放属性关键帧，制作月亮升起效果，如图2-31所示。

步骤四：为海面上的波浪添加位置属性关键帧，制作波浪移动效果，如图2-32所示。制作时，可通过复制、粘贴关键帧来提高效率。

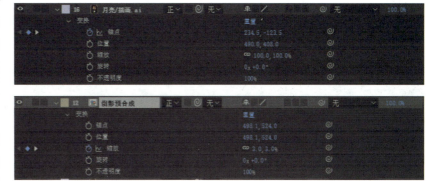

图2-31　步骤三

步骤五：为小船行驶和海鸥飞翔绘制单独的路径，适当调整关键帧时间点位置，如图2-33所示。

步骤六：把路径复制到对应的图层位置上，然后删除路径，如图2-34所示。

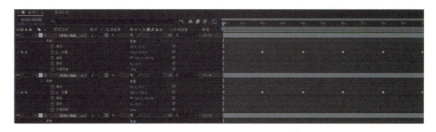

图2-32　步骤四

图2-33　步骤五

图2-34　步骤六

步骤七：添加缩放属性关键帧，制作小船随画面逐渐变大的效果，如图 2-35 所示。

步骤八：绘制海鸥飞翔路径，使用"人偶位置控点工具" 使海鸥变形，使其飞翔更加真实，如图 2-36 和图 2-37 所示。

步骤九：转换到图表编辑器模式，适当调整小船和海鸥的移动速度，使动画更加自然，如图 2-38 所示。

步骤十：完成后，将其保存为"海上明月动画"项目文件。

图 2-35　步骤七

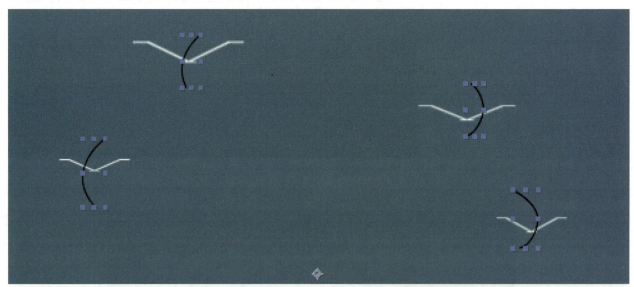

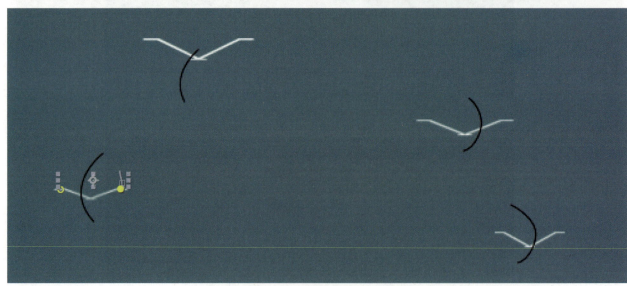

图 2-36　步骤八（一）

图 2-37 步骤八（二）

图 2-38 步骤九

三、学习任务小结

通过本次课的学习，同学们初步了解了时间轴面板的基本操作方法，包括控制播放速度、使用"入"和"出"控制面板以及应用关键帧。这一过程不仅加深了同学们对视频编辑软件操作的理解，还让同学们学会了通过编辑技巧表达故事情感，提升视频质量。

四、课后作业

请运用本课程所学的时间轴面板与关键帧操作技巧，创作一个动态的节日贺卡。

视频主题：可以是春节、圣诞节、中秋节，也可以是其他节日。

编辑要求：选择与节日相关的视频或图片素材，确保素材的使用不会造成侵权。利用时间轴面板，为文字和装饰物品创建关键帧动画，至少实现缩放、旋转和位置移动效果中的一种，确保动画流畅、自然，关键帧之间过渡平滑，可以添加适当的音效，以增强节日氛围。视频长度控制在 30 秒至 1 分钟。

提交方式和要求：

（1）将编辑完成的视频文件保存为 MP4 格式。

（2）确保视频文件大小适中，便于上传和审阅。

（3）将视频文件上传至指定的平台或通过电子邮件发送给老师审阅。

渲染与输出设置

教学目标

（1）专业能力：掌握视频渲染与输出的基础知识，能熟练操作渲染队列，设置输出格式，以适应不同播放需求。

（2）社会能力：在团队项目中能有效沟通，协作完成视频的渲染与输出任务，理解不同软件和设备对视频格式的要求，以确保视频的兼容性和播放效果。

（3）方法能力：学习视频渲染与输出的优秀实践作品，优化渲染流程，提高工作效率。

学习目标

（1）知识目标：了解 AE 中渲染与输出的基本概念和原理，掌握不同输出格式的特点及其应用场景。

（2）技能目标：能独立完成视频的渲染与输出操作，能够根据项目需求选择合适的输出设置。

（3）素质目标：培养对视频的审美能力，提升解决视频渲染与输出中遇到的问题的能力。

教学建议

1. 教师活动

（1）展示不同渲染与输出设置下的示例视频，分析其对视频质量的影响。

（2）结合教学案例，讲解如何根据播放平台选择合适的输出格式。

（3）组织学生进行实际操作，指导学生完成视频的渲染与输出。

2. 学生活动

（1）分析并讨论不同视频格式的优缺点。

（2）动手实践，完成视频渲染与输出的全过程。

一、学习问题导入

同学们，大家好！在本次课程中，我们将学习在 AE 中完成视频的后期制作后，如何通过渲染与输出设置，使视频能够在不同的软件和设备中流畅播放。我们将探讨渲染与输出的基础知识，学习设置输出格式的方法，并了解如何优化渲染流程。

二、学习任务讲解

1. 渲染的顺序

在渲染合成时，合成中图层的渲染顺序都是从最下层的图层到最上层的图层（若图层中有嵌套合成图层，则先渲染该图层）；单个图层的渲染顺序为蒙版、效果、变换、图层样式，且图层中的多个效果渲染顺序是从上到下。

2. 渲染设置

渲染设置可用于设置渲染的相关参数，单击"渲染设置"右侧的 当前设置 按钮，打开"渲染设置"对话框（见图 2-39），可以对以下参数进行设置。

（1）品质：用于设置所有图层的品质，可选择"最佳""草图""线框"等选项。

（2）分辨率：用于设置相对于原始合成的分辨率。

（3）大小：用于显示原始合成和渲染文件的分辨率大小。

（4）磁盘缓存：用于设置渲染期间是否使用磁盘缓存首选项。选择"只读"选项，将不会在渲染时写入任何新帧；选择"当前设置"选项，将使用在"首选项"对话框中的"媒体和磁盘缓存"选项卡中设置的磁盘缓存位置。

图 2-39 "渲染设置"对话框

（5）代理使用：用于设置是否使用代理。

（6）效果：用于设置是否关闭效果。

（7）独奏开关：用于设置是否关闭独奏开关。

（8）引导层：用于设置是否关闭引导层。

（9）颜色深度：用于设置颜色深度。

（10）帧混合：用于设置是否关闭帧混合。

（11）场渲染：用于设置场渲染的类型，可选择"关""高场优先""低场优先"等选项。

（12）3∶2 Pulldown：用于设置是否关闭 3∶2 Pulldown。

（13）运动模糊：用于设置是否关闭运动模糊。

（14）帧速率：用于设置渲染时使用的帧速率。

（15）时间跨度：用于设置渲染的时间。选择"合成长度"选项，将渲染整个合成；选择"仅工作区域"选项，将只渲染合成中有工作区域标记指示的部分；选择"自定义"选项，可自定义渲染的起始、结束和持续时间。

（16）"跳过现有文件（允许多机渲染）"选项：勾选该选项，将允许渲染文件的一部分，不重复渲染已渲染完毕的帧。

3. 输出模块设置

输出模块可用于设置输出文件的相关参数，单击"输出模块"右侧的 无损 按钮，打开"输出模块设置"对话框。其中，"主要选项"选项卡的具体设置如图 2-40 所示。"色彩管理"选项卡中的参数可对每个输出项进行色彩管理。

（1）格式：用于设置输出文件的格式，可选择 AIFF、AVI、"DPX/Cineon"序列等 15 种格式。

（2）包括项目链接：用于设置是否在输出文件中包括链接到源项目的信息。

（3）渲染后动作：用于设置 AE 在渲染后执行的动作。

（4）包括源 XMP 元数据：用于设置是否在输出文件中包括源文件中的 XMP 元数据。

（5）格式选项：单击该按钮，在打开的对话框中可设置输出文件格式的特定选项。

（6）通道：用于设置输出文件中包含的通道。

（7）深度：用于设置输出文件的颜色深度。

（8）颜色：用于设置使用 Alpha 通道创建颜色的方式。

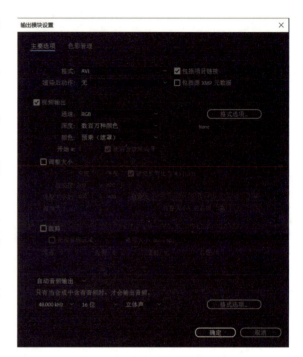

图 2-40 "主要选项"选项卡

（9）开始 #：当输出文件为某个序列时，用于设置序列起始帧的编号。勾选右侧的"使用合成帧编号"复选框，可以将工作区域的起始帧编号添加到序列的起始帧中。

（10）调整大小：用于设置输出文件的大小以及调整大小后的品质。勾选右侧的"锁定长宽比为 4∶3（1.33）"复选框，可在调整文件大小时保持现有的长宽比。

（11）裁剪：用于在输出文件时用边缘减去或增加像素行或列。勾选"使用目标区域"复选框，将只输出在"合成"或"图层"面板中选择的目标区域。

（12）自动音频输出：用于设置输出文件中音频的采样率、采样深度和声道。

4. 预设渲染输出模板

当需要使用相同的格式渲染输出多个合成时，可以将"渲染设置"和"输出模块设置"对话框中的参数存储为模板，便于之后直接调用。其操作方法为：选择"编辑"—"模板"—"渲染设置"或"输出模块"命令，打开"渲染设置模板"对话框（见图 2-41）或"输出模块模板"对话框，在"默认"栏中修改默认参数，在"设置"栏中新建、编辑、复制和删除模板。成功创建模板后，单击"渲染队列"面板中"渲染设置"或"输出模块"右侧的按钮，在弹出的下拉列表中可选择并使用该模板。

5. 文件打包与整理

在 AE 中渲染输出完成后，为了便于之后直接修改项目文件或将项目文件移至其他计算机中进行编辑，通常需要保存整个项目文件及使用到的素材文件，此时可以使用"整理工程（文件）"功能来实现文件的打包与整理。

其操作方法为：选择"文件"—"整理工程（文件）"命令，在弹出的子菜单中选择相应的命令，如图 2-42 所示。

（1）收集文件：选择该命令，打开"收集文件"对话框，在其中可选择所有合成、部分合成或整个项目，然后将对应的项目文件、素材文件等都复制到目标文件夹中。

（2）整合所有素材：选择该命令，可删除项目中重复的素材。

（3）删除未用过的素材：选择该命令，可删除项目中未添加到合成中的素材。

（4）减少项目：选择该命令，可删除对所选合成没有影响的所有文件。

（5）查找缺失的效果/字体/素材：选择这些命令，可在"项目"面板中显示缺失的效果/字体/素材文件，便于进行替换。

图 2-41 "渲染设置模板"对话框

图 2-42 文件打包与整理

6. 案例操作：渲染输出 AVI 格式的视频

步骤一：新建宽度为"800 px"，高度为"800 px"，持续时间为"0:00:10:00"的合成，然后导入相关素材，如图 2-43 所示。

步骤二：将"宣传视频"文件拖曳至时间轴面板中，适当调整视频的大小和位置，复制该图层并为下层图层添加"模糊"效果，然后使上层图层略小于下层图层，如图 2-44 至图 2-47 所示。

步骤三：按 Ctrl+M 组合键将该合成添加至渲染队列中，然后设置输出视频所需渲染参数、输出模块参数、输出位置和名称，如图 2-48 所示。

步骤四：再次选择"合成 1"合成，按 Ctrl+M 组合键将该合成添加至渲染队列中，然后设置输出图片所需渲染参数、输出模块参数、输出位置和名称，此处可选择 0:00:06:18 处的画面，如图 2-49 至图 2-52 所示。

步骤五：单击"渲染队列"面板中的渲染按钮进行批量渲染输出，完成制作。

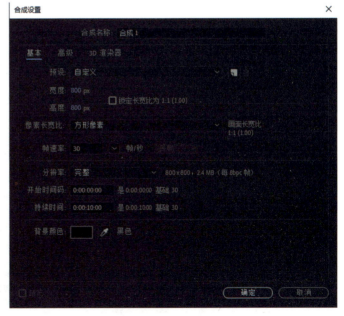

图 2-43 步骤一

图 2-44 步骤二（一）

图 2-45 步骤二（二）

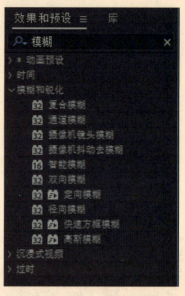

图 2-46 步骤二（三）

图 2-47 步骤二（四）

图 2-48 步骤三

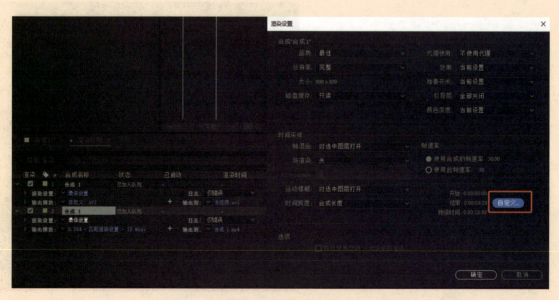

图 2-49 步骤四（一）

图 2-50　步骤四（二）　　　　图 2-51　步骤四（三）

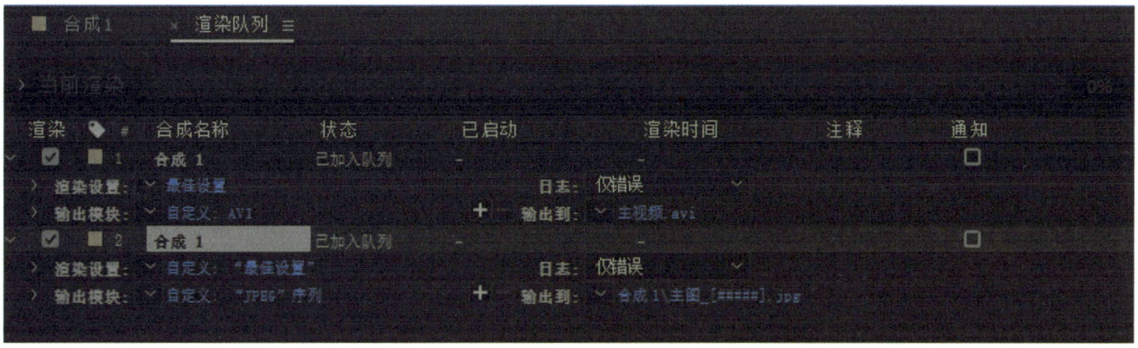

图 2-52　步骤四（四）

三、学习任务小结

通过本次课的学习，同学们基本掌握了渲染与输出的方法和步骤，训练了在 AE 中进行视频渲染与输出的基本技能。同时，大家还学会了根据不同的播放需求，选择合适的输出格式和设置。

四、课后作业

请根据所学知识，使用 After Effects 2023 软件将提供的素材按照 2.35∶1 的比例输出。

编辑要求：根据所学的方法，设置项目和合成的分辨率，确保最终输出视频的比例为 2.35∶1。

使用输出模块设置正确的视频格式和编码选项，如 H.264 或 ProRes，以适应不同的播放需求，确保视频质量达到高清标准，并且输出视频的文件大小适宜，便于分享和存储。在输出前，进行预览和渲染测试，以确认视频的最终效果。

提交方式和要求：

（1）将最终输出的视频文件保存为 MP4 或 MOV 格式。

（2）确保视频文件大小适中，便于上传和审阅。

（3）将视频文件上传至指定的平台或通过电子邮件发送给老师审阅。

といった

视频剪辑基础

教学目标

（1）专业能力：掌握 After Effects 2023 的基本操作界面与工具使用；能独立进行视频素材的导入、预览、切割、拼接等基本剪辑操作；理解视频剪辑中的时间轴管理，包括关键帧、轨道操作等。

（2）社会能力：培养学生的团队合作精神，通过小组讨论和项目合作提升学生的沟通协作能力；增强学生的自主学习能力，鼓励学生探索软件新功能并分享学习心得；培养学生的批判性思维能力。

（3）方法能力：引导学生掌握问题分析与解决的方法，鼓励学生在面对剪辑中的难题时独立思考并找到解决方案；培养学生的创新思维，鼓励学生在视频剪辑中融入个人创意和风格；提升学生的技术文档编写能力，使学生能够清晰记录剪辑过程和技术要点。

学习目标

（1）知识目标：了解视频剪辑的基本概念、流程和原则；掌握 After Effects 2023 中关键工具（如选择工具、剃刀工具、滚动编辑工具等）的功能和使用方法；理解视频剪辑中的时间轴、层、关键帧等核心概念。

（2）技能目标：能够熟练导入、组织和管理视频素材；能运用 After Effects 2023 进行视频素材的精确切割、拼接和排序；能设置和调整视频的播放速度、持续时间和音频同步；能应用基本的色彩校正和滤镜效果。

（3）素质目标：培养学生的耐心和细心品质，确保视频剪辑的精确性和流畅性；提升学生的审美能力和艺术修养，使剪辑作品更具观赏性和感染力；增强学生的责任感和职业道德意识，尊重原创，避免侵权。

教学建议

1. 教师活动

现场演示视频素材的导入、切割、拼接等关键步骤，强调注意事项和技巧；分配不同的视频素材，分组指导学生进行实战演练，教师巡回指导。

2. 学生活动

认真听讲，积极参与讨论，提出疑问和见解；在小组内分工合作，完成视频素材的剪辑任务，相互学习和帮助。

一、学习问题导入

1. 视频剪辑的基本概念

视频剪辑是将原始视频素材进行整理、编辑和处理的过程，旨在通过剪辑技巧将多个视频片段、图像、音频等元素有机地组合在一起，创造出具有连贯性、节奏感和故事性的新视频作品。这一过程包括对视频素材的选取、切割、拼接、顺序调整、过渡效果添加、色彩校正、音频处理以及字幕和特效的加入等。视频剪辑不仅能够去除冗余内容，突出主题，还能通过剪辑手法引导观众情绪，增强视频的艺术表现力和感染力。视频剪辑是影视制作、广告宣传、社交媒体内容创作等领域中不可或缺的重要环节。

2. 常用视频剪辑的操作

视频剪辑常用操作包括导入素材、粗剪与精剪、添加字幕与背景音乐、应用滤镜与转场效果、调整视频播放速度与尺寸等。粗剪阶段需删除多余片段，保留精彩部分；精剪则涉及配乐、字幕、特效等精细化操作。此外，还可利用滤镜调整视频风格，利用转场效果增强画面连贯性，利用变速功能调整视频播放速度。视频尺寸需要根据发布平台要求进行调整。

这些操作旨在提升视频质量与观感，满足观众需求。简单几步，创意无限，让视频剪辑变得轻松有趣。

二、学习任务讲解

1. After Effects 2023 的工作流程

After Effects 2023 的工作流程是一个系统而有序的过程，旨在帮助用户高效地创建、编辑和导出高质量的影视特效和动画。

（1）整理与导入素材。

①整理素材：用户需要整理所有用于项目的素材，包括视频、音频、图片、图像序列等。这些素材可能有各种来源，如用设备拍摄、网络下载或由其他软件导出。

②导入素材：将准备好的素材导入 AE 的项目面板中。AE 支持多种媒体格式，可以自动解释许多常用格式的属性，如帧速率和像素长宽比。用户也可以手动设置这些属性以满足项目需求。导入素材如图 3-1 所示。

（2）创建合成与添加图层。

①创建合成：在 AE 中，合成是一个包含多个图层和动画的容器。用户需要创建一个或多个合成来组织和管理项目中的元素。创建合成如图 3-2 所示。

②添加图层：将项目面板中的素材拖曳到时间轴中，作为合成中的图层。用户可以在时间轴上按顺序堆叠图层，并通过调整图层的属性来创建视觉效果。

图 3-1　导入素材

图 3-2　创建合成

(3)编辑图层与创建动画。

①编辑图层：在时间轴上对图层进行编辑，包括调整图层的位置、缩放、旋转、不透明度等属性。用户还可以使用蒙版来定义图层的可见区域，或使用混合模式（blend mode）来合成多个图层。编辑图层如图3-3所示。

②创建动画：用户可以在时间轴上为图层的属性（如位置、缩放、旋转等）设置关键帧，并通过调整关键帧之间的插值（interpolation）来定义动画的平滑度。创建动画如图3-4所示。

（4）添加效果和使用预设。

①添加效果：AE提供了数百种内置效果（effects），用于改变图层的外观或声音。用户可以从"效果和预设"面板中选择所需的效果，并将其应用到图层上。添加效果如图3-5所示。

图3-3 编辑图层

图3-4 创建动画

图3-5 添加效果

②使用预设：除了内置效果外，AE还提供了大量的预设动画和效果，用户可以直接将其应用到图层上，以节省时间和提高效率。

（5）预览与调整。

①预览合成：在AE的预览窗口中实时预览合成的效果。用户可以通过调整预览的分辨率和帧速率来优化预览性能。

②调整与优化：根据预览结果调整图层的属性、动画和效果，直到满意为止。这个过程可能需要反复进行多次。

（6）渲染与导出。

①渲染合成：将合成添加到渲染队列中，并设置渲染参数（如输出格式、分辨率、帧速率等）。然后，启动渲染过程以生成最终的影片文件。

②导出影片：渲染完成后，用户可以将影片文件导出到指定的位置。导出的影片文件可以在其他视频编辑软件或播放器中播放和分享。导出影片如图3-6所示。

需要注意的是，这个流程并不是固定不变的，用户可以根据自己的需求和习惯灵活调整。

2. 视频剪辑的操作步骤

（1）导入素材：通过"文件"菜单中的"导入"选项（见图3-7），将需要剪辑的视频、音频和图像素材导入After Effects 2023的项目面板中。

（2）创建合成：在项目面板中，选择需要的素材，创建新的合成，或者通过"从素材新建合成"功能快速生成。设置合成的大小、帧速率和分辨率等参数，如图3-8和图3-9所示。

图 3-6　导出影片

图 3-7　"导入"选项

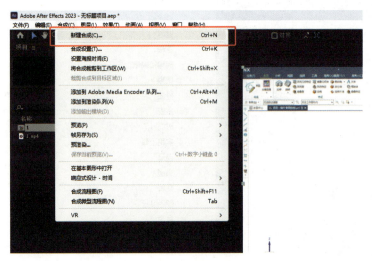

图 3-8　新建合成

图 3-9　设置合成参数

（3）剪辑与排序：在时间轴面板上，将导入的素材按照需求进行排序，并通过拖动素材边缘或调整入点、出点来精确控制播放时长，如图3-10所示。

（4）添加效果与动画：利用After Effects 2023的效果和动画工具，为视频添加转场效果、文字动画等，增强视频的表现力。

（5）音频处理：如果需要，可以在音频轨道上调整音量、添加音效或背景音乐，确保音频与视频内容完美配合，如图3-11和图3-12所示。

（6）预览与导出：在剪辑过程中，可以随时预览效果。完成后，通过"文件"菜单中的"导出"选项，将剪辑好的视频导出为所需的格式和分辨率，如图3-13所示。

图 3-10　剪辑与排序

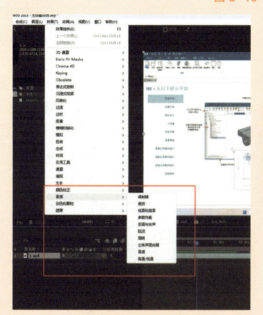

图 3-11　音频处理

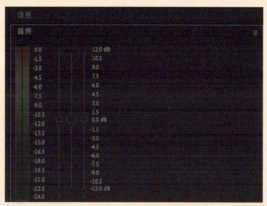

图 3-12　音频处理界面

图 3-13　导出

三、学习任务小结

本次课我们从视频剪辑的基础入手，学习了在 After Effects 2023 中导入、预览、切割、拼接视频素材，以及管理时间轴和层等基本操作。这些看似简单的操作却是构建高质量视频作品的基石。对于初学者来说，视频剪辑可能是一项既神秘又充满挑战的任务。After Effects 2023 作为一款功能强大的视频处理软件，为我们提供了丰富的工具和特效，但同时也意味着我们需要掌握一定的专业知识和技能。

通过本次课的学习，同学们基本掌握了视频剪辑的基本流程和方法，为后续更高级的视频处理技巧的学习打下了坚实的基础。同时，同学们也逐渐体会到视频剪辑的乐趣和成就感，并且发现自己在数字世界中创造无限可能的潜力。

四、课后作业

尝试用 After Effects 2023 了解一个短视频剪辑项目：导入三段不同场景的视频素材，并创建一个新合成以适配最大分辨率素材。在时间轴上剪辑素材，确保场景转换流畅自然，可适当加入溶解或滑动转场效果。选择一段关键视频，使用色彩校正工具调整其色调和对比度，增强视觉效果。此外，为视频添加合适的背景音乐，并确保音频与视频内容完美配合。最后，在视频结尾处插入动态标题或 logo，并为其添加淡入动画效果。导出视频为 H.264 格式，确保视频质量适合在线分享，并写出自己操作的感受进行课堂分享。

学习任务二 转场效果制作

教学目标

（1）专业能力：掌握 AE 中的各种内置转场效果，如线性擦除、径向擦除和卡片擦除等。

（2）社会能力：在团队项目中，学会与他人协作，共享转场效果的使用技巧，共同完成复杂的视频制作任务。

（3）方法能力：能使用转场效果解决实际的视频编辑和动画制作中的问题，学会使用转场效果来增强故事的叙事性和视觉流畅性。

学习目标

（1）知识目标：理解转场效果的基本概念，以及转场效果在视频编辑中的作用和重要性。

（2）技能目标：能熟练地在 AE 中应用和自定义转场效果，包括调整转场的持续时间、方向和速度。

（3）素质目标：强化项目管理能力，学会在实际项目中有效地规划和使用转场效果，以提高工作效率和最终成果的质量。

教学建议

1. 教师活动

（1）介绍视频制作中的常用转场效果，分析其制作方法和参数值，激发学生的兴趣，调动学生的学习积极性。

（2）营造开放、包容的课堂氛围，鼓励学生积极参与讨论，分享学习心得。教师可以通过设置启发性问题、组织小组讨论等形式，引导学生深入思考各种内置转场效果的应用场景及创新方向。

2. 学生活动

（1）分组进行转场动画案例赏析，提升观察思考能力和理解表达能力，提升团队协作能力。

（2）参与教师组织的内置转场案例实操训练，通过动手实践，熟练掌握转场的基本操作与高级编辑功能。

一、学习问题导入

同学们，大家好！本次课我们将学习常用转场效果的制作。转场效果是 AE 中非常强大的工具，可以帮助我们创造出令人印象深刻的视觉效果和动态图形。本次课，我们将从认识常用转场效果开始，逐步过渡到高级功能的探索与应用。我们将学习转场的常用属性参数的调整，并完成转场动画制作任务。另外，我们还将一起思考内置转场效果的巧妙应用。希望通过本次课的学习，大家能够掌握内置转场效果的应用技巧，并将这些技巧融入自己的创作中，让每一件作品都充满生命力和创造力。

二、学习任务讲解

1. 什么是转场效果

After Effects 2023 中的转场效果与 Premiere Pro 中的转场效果不同，Premiere Pro 中的转场效果主要应用于素材与素材之间，After Effects 2023 中的转场效果主要作用于图层上。

常用的转场效果集中在"效果"—"过渡"特效中。添加转场特效后，给相应的参数添加关键帧动画，以实现转场效果。接下来，我们一起认识几种常用的转场效果。

（1）线性擦除。

After Effects 2023 中的线性擦除是一种常用的转场效果，它能够按照指定的方向对图层进行直线运动方式的擦除，从而实现过渡。其效果控件面板如图 3-14 所示。

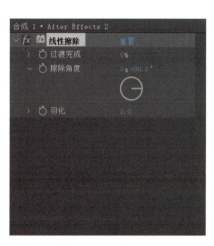

图 3-14　线性擦除效果控件面板

主要属性如下。

①过渡完成：这个属性控制擦除的进度。过渡完成值为 0%，表示还没有开始擦除；过渡完成值为 100%，表示擦除已经全部完成，底层图层将完全显现出来。

②擦除角度：这个属性用于设置擦除的方向。例如，擦除角度为 90°时，擦除将从左到右进行。

③羽化：羽化属性可以柔化过渡擦除的边缘，使边缘过渡更加自然。

如图 3-15 所示，文本层添加了线性擦除效果，过渡完成值为 55%，擦除角度为 45°，羽化值为 10.0。

（2）径向擦除。

After Effects 2023 中的径向擦除也是一种常用的转场效果，它可以在图层上创建一个沿半径方向的过渡效果。其效果控件面板如图 3-16 所示。

图 3-15　线性擦除效果

主要属性如下。

①过渡完成：这个属性控制擦除的进度。过渡完成值为 0%，表示还没有开始擦除；过渡完成值为 100%，表示擦除已经全部完成，底层图层将完全显现出来。

②起始角度：这个属性决定了擦除开始的角度。例如，起始角度为 0°时，擦除从顶部开始。

③擦除中心：这个属性用于设置擦除效果的中心点，即擦除开始的中心位置。

④擦除：可以选择擦除的方向，包括顺时针、逆时针或者两者兼有。

⑤羽化：这个属性可以柔化擦除边缘，使边缘过渡更加平滑自然。

如图3-17所示，图层添加了径向擦除效果，过渡完成值为30%，起始角度为0°，擦除中心为场景正中间，擦除方向为顺时针方向，羽化值为30.0。

（3）卡片擦除。

After Effects 2023中的卡片擦除是一种模拟卡片翻转的过渡效果，它可以创建一个图层逐渐转变为另一个图层的动态效果，就像一组卡片先显示一张卡片，然后翻转以显示另一张卡片。其效果如图3-18所示。

主要调整参数如下。

①行数和列数：控制卡片的数量和排列，可以设置卡片的行数和列数，从而影响翻转的布局。行和列始终均匀地分布在图层中。

②卡片缩放：调整卡片的大小。小于1，会缩小卡片，显示间隙中的底层图层；大于1，会放大卡片，创建块状的马赛克效果。

③翻转顺序：控制卡片翻转的顺序，可以是从左到右、从上到下，或者使用渐变图层来定义翻转顺序。

④随机时间：如果设置为0，则卡片按顺序翻转；如果设置为大于0的值，卡片将随机翻转，增加过渡的不可预测性。

图3-16　径向擦除效果控件面板

图3-17　径向擦除效果

图3-18　卡片擦除效果

⑤摄像机系统：包括摄像机位置和边角定位，用于控制 3D 空间中卡片的视角和位置。

⑥位置抖动 / 旋转抖动：添加位置抖动和旋转抖动可以使过渡更加逼真，通过在过渡期间增加随机的运动来模拟现实中的不完美。

⑦背面图层：在卡片背面分段显示图层，如果背面图层大小不一致，会自动拉伸匹配卡片翻转。

⑧过渡宽度：控制从原始图像更改到新图像的区域的宽度。

2．案例操作

接下来我们一起使用径向擦除完成一个倒计时动画，效果如图 3-19 所示。

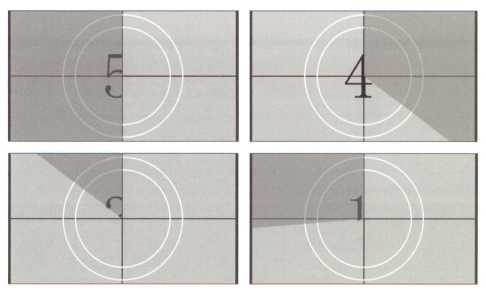

图 3-19　倒计时动画效果展示

步骤一：打开素材源文件，内有"倒计时"合成，大小为 1920 px×1080 px，帧速率为 25 fps，持续时间为 5 秒。合成中已有浅灰色纯色层背景和黑白线条装饰背景，如图 3-20 所示。

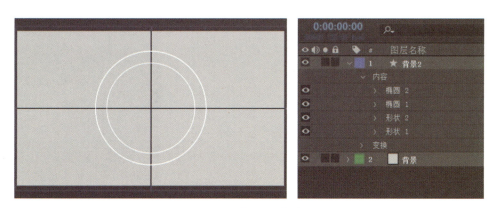

图 3-20　"倒计时"合成

步骤二：使用文字工具，在合成面板中输入"5"，并在字符面板中调整文字的颜色、字体和字号，将文字摆放在场景正中间位置，如图 3-21 所示。

步骤三：选中"5"文本层，执行"效果"—"过渡"—"径向擦除"命令。添加过渡完成值的关键帧动画：在 0 秒处，过渡完成值为 0%；在 1 秒处，过渡完成值为 100%。在时间轴面板上，将"5"文本层的持续时间缩短为 1 秒，如图 3-22 所示。

图 3-21 新建"5"文本层

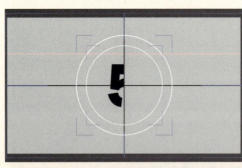

图 3-22 为"5"文本层添加径向擦除效果

步骤四：选中"5"文本层，使用快捷键 Ctrl+D 复制得到 4 个图层，并将文字分别修改为 1、2、3、4，将图层顺序从上至下调整为 5、4、3、2、1，如图 3-23 所示。

步骤五：按照从上至下的顺序选中所有文本层，单击鼠标右键，在弹出的菜单中选择"关键帧辅助"—"序列图层"命令，在弹出的"序列图层"窗口中，单击"确定"完成设置，使五个文本层在时间轴面板上依次排列，如图 3-24 所示。

步骤六：新建深灰色纯色层，置于所有图层上方，修改该纯色层不透明度为 30% 左右，对其执行"效果"—"过渡"—

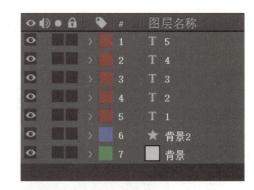

图 3-23 复制文本层，调整图层顺序

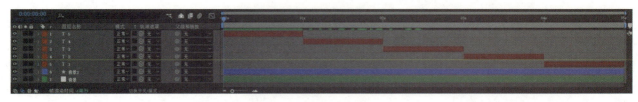

图 3-24 执行"序列图层"命令

"径向擦除"命令。添加过渡完成值的关键帧动画:在 0 秒处,过渡完成值为 0%;在 1 秒处,过渡完成值为 100%。在时间轴面板上,将该图层的持续时间缩短为 1 秒,如图 3-25 所示。

步骤七:对深灰色纯色层重复以上操作,使其与各个文本层动画同步,如图 3-26 所示。至此,倒计时动画制作完成。

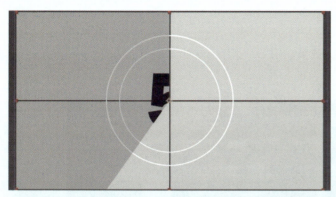
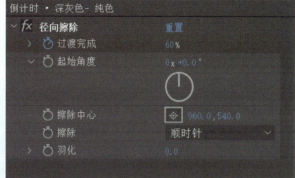
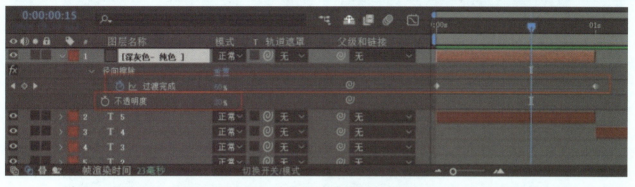

图 3-25 为纯色层添加径向擦除效果

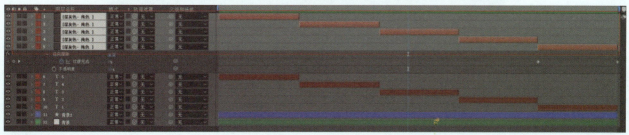

图 3-26 倒计时动画制作完成

三、学习任务小结

通过本次学习，同学们对 After Effects 2023 中的内置转场效果有了初步的理解。通过使用径向擦除完成一个倒计时动画的技能实训，同学们掌握了 AE 中内置转场效果的制作方法。课后，大家要继续学习和实践，使自己在视频制作领域达到更高的水平。

四、课后作业

请尝试使用卡片擦除功能制作图 3-27 所示的转场效果。

图 3-27　转场效果展示

学习任务三 蒙版与轨道遮罩

教学目标

（1）专业能力：学习如何创建蒙版，了解如何设置轨道遮罩，掌握如何使用蒙版和轨道遮罩进行动画处理。

（2）社会能力：在团队项目中，学会与他人协作，共享蒙版和轨道遮罩的使用技巧，共同完成复杂的视频制作任务。

（3）方法能力：能使用蒙版和轨道遮罩解决实际的视频编辑和动画制作中的问题，如图像合成、特效制作等。

学习目标

（1）知识目标：理解蒙版和轨道遮罩的定义，掌握蒙版和轨道遮罩的创建方法，掌握蒙版和轨道遮罩的应用技巧。

（2）技能目标：能熟练地在 AE 中创建、编辑蒙版和轨道遮罩。

（3）素质目标：通过反复调整蒙版和轨道遮罩的形状等操作，培养细心和耐心的品质，培养创新性动画设计和制作能力。

教学建议

1. 教师活动

（1）介绍蒙版和轨道遮罩动画案例，分析其制作方法，激发学生的兴趣，调动学生的学习积极性。

（2）营造开放、包容的课堂氛围，鼓励学生积极参与讨论，分享学习心得。教师可以通过设置启发性问题、组织小组讨论等形式，引导学生深入思考蒙版和轨道遮罩的应用场景及创新方向。

2. 学生活动

（1）分组进行蒙版和轨道遮罩动画案例赏析，提升观察思考能力和理解表达能力，提升团队协作能力。

（2）参与教师组织的蒙版和轨道遮罩实操训练，通过动手实践，熟练掌握蒙版和轨道遮罩的基本操作与高级编辑功能。

一、学习问题导入

同学们，大家好！本次课我们将学习蒙版和轨道遮罩的应用。它们是 AE 中非常强大的工具，可以帮助我们创造出令人印象深刻的视觉效果和动态图形。本次课，我们将从认识什么是蒙版和轨道遮罩开始，逐步深入到高级功能的探索与应用。我们将学习蒙版的常用属性参数的调整和运算，并完成蒙版动画和轨道遮罩动画的练习。希望通过本次课的学习，大家能够掌握蒙版和轨道遮罩的应用方法，并将这些方法融入自己的创作中，让每一件作品都充满生命力和创造力。

二、学习任务讲解

1. 什么是蒙版（mask）

在 After Effects 2023 中，蒙版是一种非常强大的工具，它可以用来控制图层的可见性。蒙版可以精确地定义哪些区域显示，哪些区域隐藏，如图 3-28 所示。蒙版是路径的形式，它依附于图层，通常是闭合的。

通过在图层上绘制蒙版，可以控制图层内容的可见区域，突出显示画面中的特定元素，或者隐藏不需要的部分。蒙版还可以与关键帧动画结合使用，创建动态的遮罩效果。例如，可以让蒙版边缘随时间变化，从而实现复杂的动画效果。另外，AE 的跟踪功能可以自动生成蒙版，跟踪视频中的移动对象，这在制作动态遮罩或替换背景时非常有用。

在 After Effects 2023 中，蒙版路径、蒙版羽化、蒙版不透明度和蒙版扩展是控制蒙版行为和外观的关键属性，如图 3-29 所示。

图 3-28 添加蒙版的效果

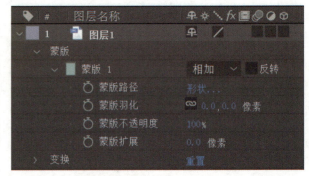

图 3-29 蒙版的关键属性

（1）蒙版路径（mask path）：蒙版路径定义了蒙版的轮廓。可以通过绘制蒙版来创建复杂的形状，或者使用钢笔工具创建自定义路径。可以通过蒙版路径的关键帧动画，创建动态效果。

（2）蒙版羽化（mask feather）：蒙版羽化用于柔化蒙版边缘，创建平滑的过渡效果，避免硬边。

（3）蒙版不透明度（mask opacity）：蒙版不透明度用于控制整个蒙版区域的不透明度，数值范围为 0%~100%。这个属性可以用来创建蒙版动画，例如，可以通过改变不透明度来逐渐显示或隐藏蒙版。

（4）蒙版扩展（mask expansion）：蒙版扩展用于扩展或收缩蒙版路径，但不改变路径本身的形状。增加扩展值，可以使蒙版的影响区域超出实际路径。

这些属性可以单独使用，也可以组合使用，从而创造出各种复杂的遮罩效果和动画。通过细致地调整这些参数，用户可以实现精确的图层控制和创意表达。

2. 蒙版的运算

在 Adobe After Effects 2023 中，蒙版运算是控制图层可见性的一种高级技术。通过蒙版运算，对多个蒙版进行相加、相减、变亮等，将多个蒙版进行不同的逻辑组合，可以创建复杂的形状。以下是蒙版运算的基本类型和它们的作用。

（1）无（none）：这是默认模式，蒙版不会产生任何效果，图层会正常显示，如图 3-30 所示。

（2）相加（add）：在此模式下，蒙版的作用是增加可见区域，整个图层在显示蒙版 1 的基础上，增加蒙版 2 的可见区域，如图 3-31 所示。

（3）相减（subtract）：在此模式下，整个图层在显示蒙版 1 的基础上，减去蒙版 2 的可见区域，如图 3-32 所示。

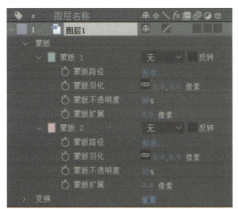 

图 3-30　蒙版运算模式为"无"

图 3-31　蒙版运算模式为"相加"

 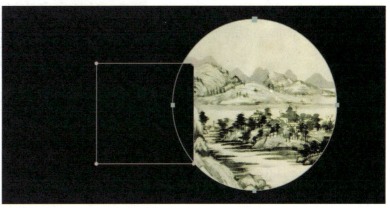

图 3-32　蒙版运算模式为"相减"

（4）交集（intersect）：整个图层只显示蒙版 1 与蒙版 2 重叠的区域，如图 3-33 所示。

（5）变亮（brighten）：两个蒙版所定义的区域的亮度不一致时，显示区域面积会以"相加"的模式显示。同时，蒙版 1 和蒙版 2 的重叠区域，会比较两个蒙版区域的亮度，显示为高亮度，如图 3-34 所示。

（6）变暗（darken）：两个蒙版所定义的区域的亮度不一致时，显示区域面积会以"交集"的模式显示。同时，蒙版 1 和蒙版 2 的重叠区域，会比较两个蒙版区域的亮度，显示为低亮度，如图 3-35 所示。

 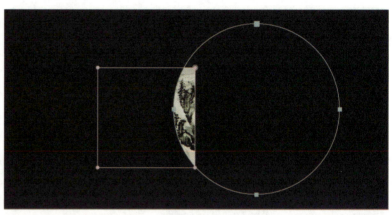

图 3-33　蒙版运算模式为"交集"

图 3-34　蒙版运算模式为"变亮"

 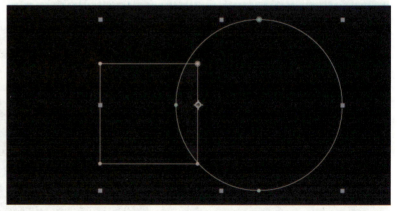

图 3-35　蒙版运算模式为"变暗"

（7）差值（difference）：显示两个蒙版不重叠的部分，即一个蒙版有而另一个蒙版没有的部分，如图 3-36 所示。

通过这些蒙版运算，我们可以在 AE 中实现各种复杂的视觉效果，从而使视频内容更具有创意和表现力。

图 3-36　蒙版运算模式为"差值"

3. 蒙版的应用

接下来，我们一起使用蒙版制作一个古风建筑蒙版动画。

步骤一：新建一个合成，大小为 1280 px×720 px，帧速率为 25 fps，持续时间为 5 秒，如图 3-37 所示。

步骤二：在项目面板中导入素材"风景素材 -1""风景素材 -2"，并将素材拖入合成 1 中。在合成面板中对"风景素材 -1""风景素材 -2"图层进行排版布局，如图 3-38 所示。

图 3-37　新建合成

图 3-38　导入素材并排版

步骤三：在时间轴面板中单击右键，新建纯色层，设置纯色层名称为"背景"，设置颜色为浅暖色调，如图 3-39 所示。

步骤四：在"风景素材 -1"图层上使用钢笔工具绘制闭合蒙版，蒙版外围设置为参差不齐状态，以使动画效果更自然，如图 3-40 所示。

步骤五：在时间轴面板中打开"风景素材 -1"图层的蒙版属性，为"蒙版扩展"制作关键帧动画。在 0 秒处，蒙版扩展值为 -210.0 像素；在 1 秒 13 帧处，蒙版扩展值为 0.0 像素，如图 3-41 所示。

步骤六：在时间轴面板中打开"风景素材 -1"图层的蒙版属性，将蒙版羽化修改为 60.0，60.0 像素，使动画边缘更柔和，如图 3-42 所示。

图 3-39　新建纯色层

图 3-40　蒙版的绘制

图 3-41　蒙版扩展的关键帧动画

图 3-42　将蒙版羽化修改为 60.0，60.0 像素

步骤七：为"风景素材-2"图层添加同样的动画效果。注意对该图层的"蒙版扩展"关键帧动画的参数做如下修改：在1秒处，蒙版扩展值为-90.0像素；在2秒13帧处，蒙版扩展值为0.0像素，如图3-43所示。

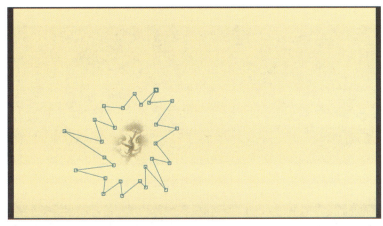

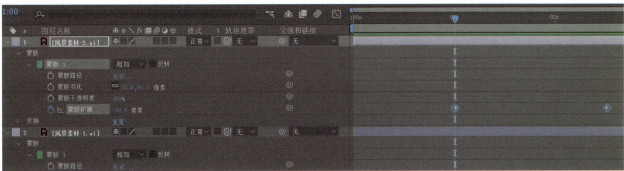

图3-43 "风景素材-2"图层的蒙版动画

4. 什么是轨道遮罩

轨道遮罩是利用上方图层的Alpha通道或亮度值来控制下方图层的可见性。它可以分为以下两种类型。

（1）Alpha遮罩：使用另一个图层的Alpha通道作为遮罩，实现复杂的叠加效果。简单来说，打开此功能后，下方图层的显示范围为上方图层的不透明处。如果开启反转遮罩，则显示范围反之。

（2）亮度遮罩：根据亮度值来控制图层的可见性，常用于调整图像的曝光或创建特殊的视觉效果。简单来说，打开此功能后，上方图层越亮的区域（即越接近白色），下方图层越清晰；上方图层越暗的区域（即越接近黑色），下方图层则越接近透明。如果开启反转遮罩，则显示范围反之。

Alpha遮罩和亮度遮罩图标在"轨道遮罩"功能右侧，单击可切换，如图3-44所示。

图3-44 Alpha遮罩和亮度遮罩

5. 轨道遮罩的应用案例一

步骤一：将素材"剪影""绚丽图片"导入项目面板，拖曳"剪影"至"新建合成"图标处，可以建立一个命名为"剪影"的合成，修改合成持续时间为5秒，如图3-45所示。

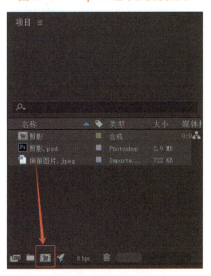

图3-45 新建合成

步骤二：将"绚丽图片"拖入时间轴面板，并置于"剪影"图层下方，如图3-46所示。

步骤三：展开"绚丽图片"图层中"轨道遮罩"的选项卡，选择"1.剪影.psd"。至此，我们为"绚丽图片"图层设置了Alpha遮罩，使其只显示在剪影区域，如图3-47所示。

图3-46　调整图层顺序

图3-47　添加Alpha遮罩

注意：开启轨道遮罩效果后，上层图层的显示开关（左侧眼睛图标）会自动关闭。如需撤销轨道遮罩效果，需要手动打开上层图层的显示开关。

步骤四：使用快捷键"S"调出"绚丽图片"图层的"缩放"属性，制作缓慢放大的关键帧动画：在0秒处，缩放值为100.0，100.0%；在5秒处，缩放值为110.0，110.0%，如图3-48所示。根据情况，可以在合成中建立背景层，作为整个画面的铺垫。

图3-48　"缩放"属性关键帧动画

6. 轨道遮罩的应用案例二

步骤一：将素材"簪花仕女图""墨点视频"导入项目面板，拖曳"簪花仕女图"至"新建合成"图标处，可以建立一个命名为"簪花仕女图"的合成，修改合成持续时间为5秒，如图3-49所示。

步骤二：将"墨点视频"拖入时间轴面板，置于"簪花仕女图"图层上方，并调整"墨点视频"图层的大小，如图3-50所示。

步骤三：点选"墨点视频"，为其添加"效果"—"颜色校正"—"色调"、"效果"—"颜色校正"—"曲线"，将曲线形状调整为S形，使"墨点视频"中亮部更白、暗部更黑，这样可使轨道遮罩的效果更佳，如图3-51所示。

步骤四：展开"簪花仕女图"图层中"轨道遮罩"的选项卡，选择"1.墨点视频"。将"轨道遮罩"功能右侧的图标切换为亮度遮罩，并开启反转遮罩。至此，我们为"簪花仕女图"图层设置了亮度反转遮罩，使其只显示在墨点黑色区域，如图3-52所示。根据情况，可以在合成中建立背景层，作为整个画面的铺垫。

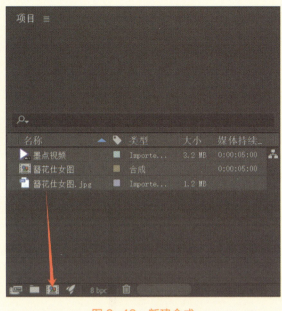

图 3-49　新建合成

图 3-50　调整图层顺序和大小

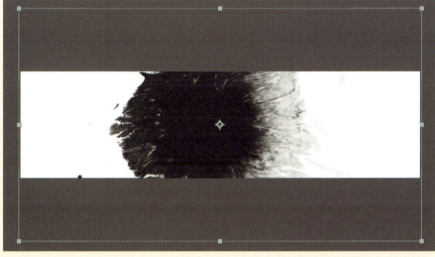

图 3-51　添加"色调""曲线"特效

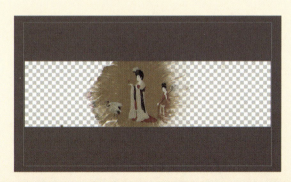

图 3-52　添加亮度反转遮罩

三、学习任务小结

通过本次学习，同学们对 After Effects 2023 中的蒙版和轨道遮罩有了全面的理解，并能够将这些技能应用到实际的视频制作中。课后，大家要继续学习和实践，使自己在视频制作领域达到更高的水平。

四、课后作业

请尝试使用蒙版或轨道遮罩制作图 3-53 所示的文字变色效果。

图 3-53　使用蒙版或轨道遮罩制作文字变色效果

项目四
特效处理与动画设计

学习任务一　色彩校正与调色
学习任务二　文字动画与图形设计
学习任务三　动态跟踪与稳定
学习任务四　案例（动态海报设计）

学习任务一 色彩校正与调色

教学目标

（1）专业能力：能够熟练掌握 Adobe After Effects 2023 中的色彩校正工具和技术，包括色阶、曲线、色彩平衡等；能够根据视频素材的特点和需求，进行精准的色彩校正和调色，以达到预期的视觉效果。

（2）社会能力：培养团队合作精神，在色彩校正与调色过程中学会与他人协作，共同完成任务；提升沟通能力和客户服务意识，能够准确理解客户需求并给出专业的色彩建议。

（3）方法能力：培养分析问题和解决问题的能力，能够针对视频素材的色彩问题制订有效的校正方案；提升自主学习能力和创新能力，能在色彩校正与调色过程中尝试新的技术和方法。

学习目标

（1）知识目标：理解色彩校正与调色的基本概念和原理；掌握 Adobe After Effects 2023 中色彩校正工具（如色阶、曲线、色彩平衡等）的功能和使用方法；了解不同色彩风格的特点和应用场景。

（2）技能目标：能够独立完成视频素材的色彩校正工作，包括调整亮度、对比度、饱和度等；能够根据视频主题和氛围进行调色，创造出符合要求的色彩效果；能熟练使用 Adobe After Effects 2023 中的色彩校正插件或第三方软件来增强色彩效果。

（3）素质目标：培养审美能力和色彩感知能力，提升对色彩美的追求和认识；增强责任心和耐心，确保色彩校正与调色工作的准确性和细致性；培养创新意识和实践能力，鼓励在色彩校正与调色过程中融入个人创意和风格。

教学建议

1. 教师活动

通过展示不同色彩风格的视频片段，引导学生思考色彩对视频氛围和情感的影响，激发学生的学习兴趣；结合实例，在 AE 中演示色彩校正工具的使用方法和技巧，包括色阶、曲线、色彩平衡等，并展示不同色彩风格的调色过程。

2. 学生活动

按照教师的示范和讲解，独立完成色彩校正与调色的实践操作；对自己的色彩校正与调色过程进行反思和总结，找出不足之处并寻求改进方法。

一、学习问题导入

在开始本次课之前，我们先思考一个问题：为什么电影、广告，甚至短视频中的色彩看起来总是那么吸引人且富有情感？色彩不仅仅是视觉上的呈现，更是情感传递的重要工具。那么，在 Adobe After Effects 2023 中，我们如何运用色彩校正与调色技术来增强视频的情感表达，让作品更加引人入胜呢？这就是我们今天要探讨的主题。

二、学习任务讲解

色彩校正和画面调色是影视后期处理过程中不可缺少的一个环节。Adobe After Effects 2023 有着丰富的调色效果和综合、灵活的调色手段。调色应用对操作者的色彩理论知识有一定的要求，对画面细节的调色往往涉及蒙版、追踪等多种效果的共同使用。

Adobe After Effects 2023 中涉及颜色调整的效果主要集中在"颜色校正"下，有众多的分类调色效果，也有单独的 Lumetri 颜色应用模块。

1. 色彩校正与调色的基本概念

色彩空间：在 Adobe After Effects 2023 中，常见的色彩空间有 RGB 和 CMYK 两种模式。RGB 模式主要用于屏幕显示，而 CMYK 模式则主要用于印刷。

色彩模式：Adobe After Effects 2023 支持 8 位和 16 位两种色彩模式。8 位色彩模式适用于大多数标准视频制作，而 16 位色彩模式则提供了更高的色彩深度和细腻度，适用于需要更高色彩精度的项目。

饱和度：指某种颜色成分的含量，饱和度越高，颜色的强度也就越高。

亮度：指颜色在视觉上引起的明暗程度。

2. 色彩校正工具

Adobe After Effects 2023 提供了多款色彩校正工具，以下是几款常用的工具。

亮度/对比度：通过调整亮度和对比度，可以改变图像的整体明暗程度和对比度，使图像更加鲜明。

色相/饱和度：通过调整色相和饱和度，可以改变图像的颜色效果，使图像的颜色更加饱满、生动。色相决定了图像的整体颜色，饱和度决定了颜色的强度。

曲线纠正器：通过调整曲线的形状，可以改变图像的明暗分布，增强或减弱图像的细节和对比度。

色彩平衡调色板：通过调整色彩平衡调色板中的原色滑块，可以改变图像中红色、绿色和蓝色的比例，从而调整图像的色调。

色阶调色板：通过调整色阶调色板中的输入和输出滑块，可以改变图像的亮度分布和对比度，使图像色调更加鲜明。

Lumetri 颜色调色：Lumetri 颜色调色是一个全面且强大的工具，它为用户提供了丰富的色彩校正和创意调色选项。

3. Lumetri 颜色调色

（1）Lumetri 颜色面板。

Lumetri 颜色面板是 Adobe After Effects 2023 中用于色彩校正和调色的主要工具之一。它集成了多种调色工具和参数，使用户能够精确地调整图像的亮度、对比度、色彩饱和度等属性。Lumetri 颜色面板通常位于 Adobe After Effects 2023 的"效果控件"面板中，用户可以通过右键单击素材图层，选择"效果"—"颜色校正"—"Lumetri 颜色"来添加该效果。Lumetri 颜色面板设置如图 4-1 所示。

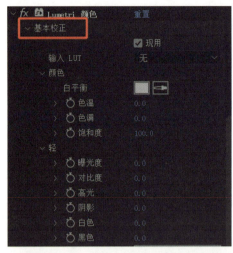
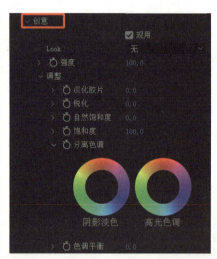

图 4-1　Lumetri 颜色面板设置

（2）基本校正。

白平衡：用于调整图像的白平衡，确保色彩还原准确。

曝光度：用于调整图像的曝光度，即图像的亮度。

对比度：用于调整图像中亮部和暗部的对比度。

（3）创意。

创意工具提供了多种预设效果，如电影风格、复古风格等，用户可以直接应用这些预设效果来快速调整图像的色彩和风格。用户还可以自定义创意参数，如饱和度、锐化等，以进一步调整图像的色彩和风格。

（4）曲线。

曲线工具允许用户通过绘制曲线来调整图像的亮度、对比度和色彩饱和度等属性。用户可以在曲线面板中绘制不同形状的曲线，以实现各种复杂的调色效果。

曲线工具还提供了 RGB、红色、绿色、蓝色和 Alpha 通道的选择，使用户能够针对特定的颜色通道进行调整。

（5）色轮和匹配。

色轮工具允许用户通过色轮来调整图像的色彩平衡。用户可以通过拖动色轮上的颜色滑块来改变图像的主色调和补色调。匹配功能允许用户将当前图像的色彩与另一张图像或另一个视频的色彩进行匹配，以实现色彩一致的效果。

(6) HSL 次要。

HSL 代表色相（hue）、饱和度（saturation）和明度（luminance）。通过调整 HSL 次要参数，用户可以精确地控制图像中特定颜色的色相、饱和度和明度。HSL 次要工具还提供了颜色选择器，用户可以选择图像中的特定颜色并进行调整。

(7) 其他功能。

Lumetri 颜色面板还提供了晕影、输入 LUT、输出 LUT 等附加功能，使用户能够进一步调整和丰富图像的色彩效果。

4. 案例操作

(1) 导入素材。

在"项目"面板中双击打开"导入文件"对话框，将多个图片文件全部选中，单击"导入"按钮，将其导入"项目"面板，如图 4-2 所示。

笔记本

屏幕：城市夜景

屏幕：海岸线

屏幕：黄昏海边

屏幕：九寨沟

屏幕：沙漠

图 4-2　导入素材

(2) 建立"屏幕"合成。

①新建合成，命名为"屏幕 1"，将"预设"选择为"HD·1920×1080·25 fps"，将宽度和高度分别修改为 680 px 和 450 px，持续时间设为 30 秒，单击"确定"按钮建立合成。

②在"项目"面板中，选中"屏幕 1"合成，按 Ctrl+D 键 4 次，复制得到"屏幕 2"至"屏幕 5"合成。

③在"项目"面板中，将"屏幕：城市夜景 .jpg"拖至"屏幕 1"合成中，缩放至合适大小，如图 4-3 所示。

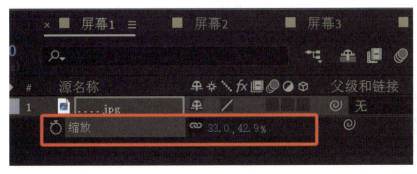

图 4-3　建立"屏幕 1"合成

④同样，在"项目"面板中，将其他图片分别拖至对应的合成中，并进行相应的缩放操作。

（3）建立"屏保"合成。

①新建合成，命名为"屏保"，将"预设"选择为"HD·1920×1080·25 fps"，将宽度和高度分别修改为 3400 px 和 450 px，持续时间设为 30 秒，单击"确定"按钮建立合成。

②在"项目"面板中，框选"屏幕 1"至"屏幕 5"合成，拖至时间轴面板，并利用对齐工具进行排版，如图 4-4 所示。

图 4-4 建立"屏保"合成

（4）建立"调色屏幕"合成。

①在"项目"面板中，选中"屏幕 1"合成，按 Ctrl+D 键复制得到一个副本并改名为"调色屏幕 1"。选中素材图层，在效果和预设面板中选择"颜色校正"—"自动颜色"命令，修正画面的颜色效果，如图 4-5 所示。

②在"项目"面板中，选中"屏幕 2"合成，按 Ctrl+D 键复制得到一个副本并改名为"调色屏幕 2"。选中素材图层，执行"效果"—"颜色校正"—"曲线"命令，为调整图层添加曲线效果，在效果控件面板中设置曲线的通道为 RGB、红色、蓝色，并依次调整曲线形状，观察图像色调变化情况，如图 4-6 所示。

为调整图层添加镜头光晕效果，执行"效果"—"生成"—"镜头光晕"命令，设置"光晕中心"为"1042.4，152.4"，效果图如图 4-7 所示。

③在"项目"面板中，选中"屏幕 3"合成，按 Ctrl+D 键复制得到一个副本并改名为"调色屏幕 3"。选中素材图层，执行"效果"—"颜色校正"—"色相/饱和度"命令，调整参数值，得到一个颜色鲜明的画面，如图 4-8 所示。

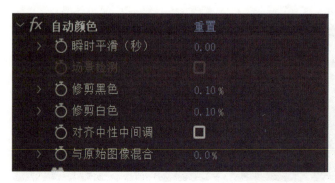

图 4-5 "调色屏幕 1"合成

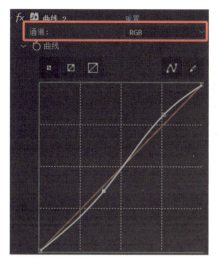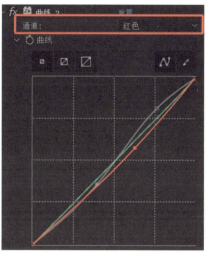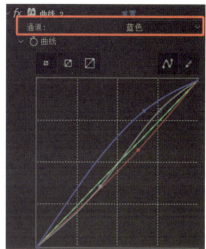

图 4-6 设置曲线通道,调整曲线形状

图 4-7 "调色屏幕 2"合成

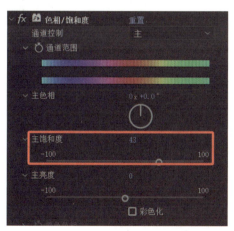

图 4-8 "调色屏幕 3"合成

④在"项目"面板中,选中"屏幕 4"合成,按 Ctrl+D 键复制得到一个副本并改名为"调色屏幕 4"。从"颜色校正"下将"Lumetri 颜色"添加到素材画面上,在效果控件面板展开"基本校正",其下属性值默认为 0,可以看到整体画面偏暗,如图 4-9 所示。依次调整曝光度、高光、白色,效果图如图 4-10 所示。

⑤在"项目"面板中,选中"屏幕 5"合成,按 Ctrl+D 键复制得到一个副本并改名为"调色屏幕 5"。调整前"调色屏幕 5"合成如图 4-11 所示。 从"颜色校正"下将"Lumetri 颜色"添加到素材画面上,在效

图 4-9 调整前"调色屏幕 4"合成

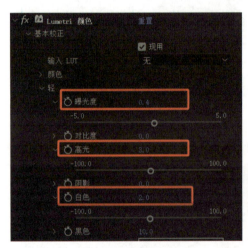

图 4-10 调整后"调色屏幕 4"合成

图 4-11 调整前"调色屏幕 5"合成

果控件面板展开"创意",把"自然饱和度"调至最高,可以看到整个画面饱和度升高的同时,天空中仍保留部分色彩。在"创意"下通过色轮调整色调,指定颜色时,在"分离色调"下的色轮中单击或者拖动均可。调整后"调色屏幕5"合成如图4-12所示。

图4-12　调整后"调色屏幕5"合成

(5)建立"调色屏保"合成。

①在"项目"面板中,选中"屏保"合成,按Ctrl+D键复制得到一个副本并改名为"调色屏保"。

②在"项目"面板中,选中"调色屏幕1"合成,按住Alt键,拖动"调色屏幕1"到时间轴面板替换"屏幕1",如图4-13所示。

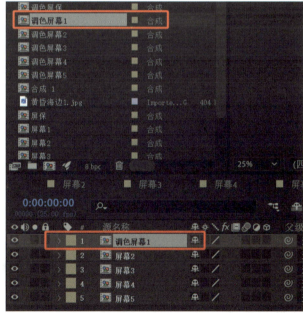

图4-13　拖动"调色屏幕1"到时间轴面板替换"屏幕1"

③同样,在"项目"面板中,用其他调色屏幕合成分别替换相应的屏幕合成,如图4-14所示。

(6)制作"屏保滑动动画"合成。

①新建合成,命名为"屏保滑动动画",将"预设"选择为"HD·1920×1080·25 fps",背景色为纯白色,持续时间设为30秒,单击"确定"按钮建立合成。

图 4-14　用其他调色屏幕合成分别替换相应的屏幕合成

②从"项目"面板中将"屏保"合成、"调色屏保"合成、"笔记本 .jpg"拖曳至时间轴面板,并进行适当摆放。

③新建纯色层,缩放成电脑屏幕大小,并适当调整位置,如图 4-15 所示。

图 4-15　新建纯色层,缩放成电脑屏幕大小

④为"屏保"层设置位移动画,0 秒 0 帧的位置为"1932.0,446.0",10 秒 0 帧的位置为"-828.0,446.0",如图 4-16 所示。

⑤同样,重复步骤③和④的操作,为"调色屏保"层制作类似效果,如图 4-17 所示。

⑥添加准备的音频素材,按小键盘的 0 键预览最终效果。

图 4-16　为"屏保"层设置位移动画

图 4-17　为"调色屏保"层制作类似效果

三、学习任务小结

通过本节课的学习，同学们深入了解了 Adobe After Effects 2023 中色彩校正与调色的基本概念、工具和技巧。同学们认识到色彩不仅是视觉上的呈现，更是情感传递的媒介。合理的色彩校正与调色，可以增强视频的情感表达，使其更加引人入胜。同时，同学们也掌握了多种调色方法和技巧，为今后的视频制作打下了坚实的基础。

四、课后作业

基础练习：选取一段视频素材，使用 Adobe After Effects 2023 中的色彩校正工具进行基本的色彩校正练习，包括调整亮度、对比度、饱和度等参数。

创意调色：在基础练习的基础上，尝试对视频进行创意调色。选择一种你喜欢的色彩风格（如复古、清新等），运用所学技巧进行调色实践。要求调色后的视频在色彩上具有明显的风格特征，并能有效传达特定的情感或氛围。

学习任务二 文字动画与图形设计

教学目标

（1）专业能力：能够熟练掌握 Adobe After Effects 2023 或其他相关设计软件中文字动画的制作技巧；能够根据设计需求，设计出具有创意和视觉冲击力的文字动画效果；能根据图形设计的基本原则，包括色彩搭配、布局构图、字体选择等，创作高质量的图形作品。

（2）社会能力：培养团队合作精神，通过小组讨论和协作完成项目；提升能力，能够清晰表达设计理念和预期动画效果；增强客户服务意识，学会根据客户需求调整设计方案。

（3）方法能力：培养分析问题、解决问题的能力，能够针对具体任务制订合理的设计方案；提升自主学习能力，通过查阅资料、观看教程等方式不断学习和掌握新技能；提升创新思维和审美能力，尝试在设计中融入个人创意和独特视角。

学习目标

（1）知识目标：理解文字动画的基本原理和常见效果类型；掌握图形设计的基本理论和技巧，包括色彩理论、构图原则、字体设计等；了解行业内的设计趋势和最新技术动态。

（2）技能目标：能够使用 Adobe After Effects 2023 独立完成文字动画的制作；熟练运用 AE 进行图形编辑、排版和色彩调整。

（3）素质目标：培养创新意识和审美能力，提升设计作品的艺术性和实用性；增强责任心和耐心，确保设计作品的质量；培养自信心和表达能力，能够自信地展示自己的设计成果。

教学建议

1. 教师活动

展示优秀的文字动画和图形设计作品，激发学生的学习兴趣和创作欲望；结合实例，在软件中演示文字动画和图形设计的具体操作步骤和技巧，确保学生掌握正确的操作方法。

2. 学生活动

按照教师的示范和讲解，独立完成文字动画和图形设计的实践操作；对自己的设计过程进行反思和总结，找出不足之处并寻求改进方法。

一、学习问题导入

文字动画和图形设计均是 Adobe After Effects 2023 中的基础功能。文字动画在 Adobe After Effects 2023 中可以通过多种方式实现，包括手动添加关键帧、使用文字动画制作工具 Animator、应用动画预设等。在 Adobe After Effects 2023 中，图形设计主要依赖于形状图层和蒙版等工具。

在 Adobe After Effects 2023 中，文字动画和图形设计往往不是孤立的功能，而是需要相互结合使用，以创造出更加丰富和生动的视觉效果。例如，可以将文本放置在形状图层上，并通过调整形状图层的属性来实现文本的变形动画；也可以将文本与蒙版结合使用，实现文本的切割和移动动画。它们为视频作品提供了无限的创意空间，用户可以通过灵活运用这些功能来创作出各种独特而吸引人的视觉效果。

二、学习任务讲解

1. 文字动画

在 Adobe After Effects 2023 中，文字动画是一项强大且灵活的功能，它允许用户为文本图层添加动态效果，从而提升视频的专业性和视觉冲击力。

（1）文字动画基础。

①文本图层的创建。

在 Adobe After Effects 2023 中，可以通过点击"图层"—"新建"—"文本"来创建一个新的文本图层。在文本图层上，可以输入所需的文字，并设置字体、大小、颜色等属性。

②动画属性的添加。

与大多数图层一样，文本图层也具有位置、旋转、缩放、不透明度等变换属性。用户可以在时间轴面板上基于这些基本属性手动添加关键帧，从而创建简单的文字动画。

③文字动画制作工具 Animator。

Animator 是 AE 中专门用于制作文字动画的工具。一个 Animator 可以包含一个或多个选择器以及一个或多个动画制作工具属性。通过组合使用选择器和动画制作工具属性，可以轻松创建原本需要很多关键帧才能实现的效果。

（2）文字动画的制作方法。

①手动添加关键帧。

在时间轴面板上，选择文本图层的一个属性（如位置）。在时间轴上设置一个关键帧，并调整该属性的值。移动时间轴到另一个位置，再次设置关键帧并调整属性值，从而创建动画效果。

②使用文字动画制作工具 Animator。

AE 中文本功能强大，可以为整个文本图层或者单个字符设置动画，可以使用动画制作工具属性和选择器创建文字动画。

③使用动画预设。

文字动画预设是一种高效创建文字动画的方式，它允许用户将预设的动画效果快速应用到文本图层上，而无须手动设置复杂的关键帧。

（a）在 Adobe After Effects 2023 中，新建文本图层，输入文本。选中文本图层，选择"动画"—"将动画预设应用于"命令，选择合适的文字动画预设即可完成预设动画的添加。

（b）应用动画预设后，用户可以在时间轴面板中展开文本图层的属性，进一步调整预设的参数，如动画时间、速度、位置等，以适应项目需求。

④文字路径动画。

在 Adobe After Effects 2023 中，文字路径动画是一种将文字沿着特定路径移动的动画效果，能够给视频项目增添独特的视觉效果和动态感。

（a）打开 AE 并创建新项目，创建文本图层，在"字符"面板中调整字体、大小、颜色等文字样式，确保文字显示效果符合预期。

（b）选择钢笔等工具，绘制路径。路径的形状可以根据需要进行调整，以匹配想要的文字运动轨迹。

（c）应用路径到文字。

（d）设置文字路径的关键帧动画。

2. 图形设计

在 Adobe After Effects 2023 中，形状图形动画是一项强大的功能，它允许用户创建和动画化各种形状，如矩形、圆形等。形状图层像文本图层一样，是矢量图层，由矢量图形对象组成，许多适用于文本图层的规则也适用于形状图层。形状依赖于路径的概念，通过形状工具和钢笔工具，可以创建和编辑各种路径。

（1）使用形状工具创建图形。

在默认情况下，形状工具由路径、描边和填充组成。使用形状工具，可以在"合成"面板中创建形状图层。

（2）使用钢笔工具创建图形。

使用钢笔工具可以创建不规则的图形，可以是封闭的形状，也可以是开放的路径。

3. 案例操作

（1）导入素材。

在"项目"面板中双击打开"导入文件"对话框，将多个图片文件全部选中，单击"导入"按钮，将其导入"项目"面板，如图 4-18 所示。

人像1

人像2

人像3

人像4

图 4-18　导入素材

（2）绘制"背景"合成。

①新建合成"射线单个"，宽度和高度均设为 1000 px，持续时间设为 20 秒，如图 4-19 所示。

②单击图标 ，选择"标题/动作安全"，利用钢笔工具建立图 4-20 所示的图形。

③从"项目"面板中将"射线单个"拖至"新建合成"按钮上释放新建合成，将该新建合成命名为"射线"。

④选择"射线单个"图层，多次按住 Ctrl+D 键创建多个副本，框选所有副本并按住 R 键展开旋转属性，设置旋转数值，完成放射图形的制作，如图 4-21 所示。

图 4-19 新建合成"射线单个"

图 4-20 利用钢笔工具建立图形

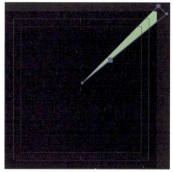

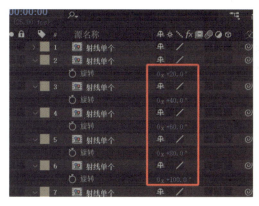

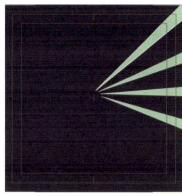

图 4-21 "射线单个"图层设置

⑤新建合成,命名为"背景",将"预设"选择为"HD·1920×1080·25 fps",持续时间设为 20 秒。

⑥新建纯色层,命名为"四色背景",选择"效果"—"生成"—"四色渐变"命令,并设置不同的颜色,如图 4-22 所示。

⑦添加"射线"到"四色背景"层之上,设置为"亮光"图层模式,如图 4-23 所示。

⑧在工具栏中双击星形工具,建立一个星形,修改内径为 230.0,描边宽度为 40.0,设置填充颜色为 RGB(233,73,73),如图 4-24 所示。

⑨选中"射线"层,按 S 键展开缩放属性,将数值修改为"480.0,250.0%"。按 R 键展开旋转属性,将时间指示器移至第 0 秒 0 帧处,点击秒表,设为"$0_X+0.0°$";将时间指示器移至第 6 秒 0 帧处,点击秒表,设为"$3_X+0.0°$"。按 T 键展开不透明度属性,将时间指示器移至第 5 秒 10 帧处,点击秒表,设为"100%";将时间指示器移至第 6 秒 0 帧处,点击秒表,设为"0%"。

⑩选中形状图层,按 S 键展开缩放属性,将时间指示器移至第 0 秒 0 帧处,点击秒表,设为

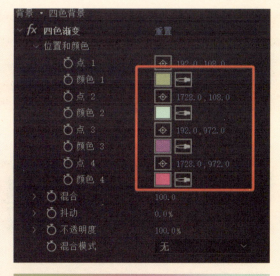

图 4-22 新建纯色层,命名为"四色背景"并设置颜色

图4-23　添加"射线"到"四色背景"层之上

 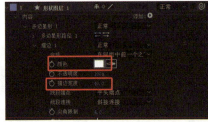 

图4-24　建立一个星形

"100.0，100.0%"；将时间指示器移至第2秒0帧处，点击秒表，设为"50.0，50.0%"；在第4秒复制这两个关键帧，如图4-25所示。

按R键展开旋转属性，将时间指示器移至第2秒0帧处，点击秒表，设为"$0_x+0.0°$"；将时间指示器移至第2秒10帧处，点击秒表，设为"$1_x+0.0°$"，如图4-26所示。

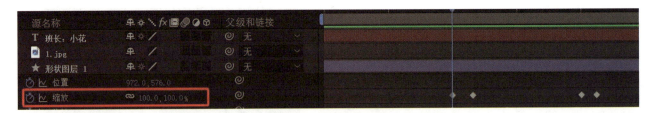

图4-25　缩放属性设置

图4-26　旋转属性设置

按P键展开位置属性，将时间指示器移至第5秒10帧处，点击秒表，设为"972.0，576.0"；将时间指示器移至第6秒0帧处，点击秒表，设为"-474.0，576.0"。

（3）绘制"闪亮登场"合成。

①新建合成，命名为"闪亮登场"，将"预设"选择为"HD·1920×1080·25 fps"，持续时间设为20秒。

②输入文本"闪亮登场"，为文本添加"梯度渐变"和"投影"效果，如图4-27所示。

③选择"闪亮登场"文本层，在"动画"后单击 ● 按钮，选择"缩放"命令，在文本层下会增加"动画制作工具1"。在"动画制作工具1"右侧单击"添加"后的 ● 按钮，选择"属性"—"位置"命令，如图4-28所示。

图 4-27　为文本添加"梯度渐变"和"投影"效果

图 4-28　"闪亮登场"文本层设置

④设置"缩放"为"750.0，750.0%"，设置"位置"为"0.0，-1200.0"。展开"范围选择器 1"，在第 0 秒打开"偏移"前面的秒表，此时"偏移"为 0%，将时间指示器移至第 2 秒，设置"偏移"为 100%，如图 4-29 所示。

图 4-29　设置缩放、位置和偏移

（4）制作"人像"合成。

①新建合成，命名为"人像1"，将"预设"选择为"自定义"，宽度和高度均为 650 px，持续时间设为 20 秒，如图 4-30 所示。

②从"项目"面板中将图像"人像1"拖至时间轴中，如图 4-31 所示。

（5）绘制"文本综合动画"合成。

①新建合成，命名为"文本综合动画"，将"预设"选择为"HD·1920×1080·25 fps"，持续时间设为 20 秒。

图 4-30　新建合成

图 4-31　将图像"人像1"拖至时间轴中

②把"背景"合成、"闪亮登场"合成拖到时间轴面板，如图 4-32 所示。

③选中"闪亮登场"合成，将时间指示器移至第 4 秒 10 帧处，设置位移动画，如图 4-33 所示。

④把"人像 1"合成拖到时间轴面板，设置入点为 5 秒 20 帧，出点为 8 秒 10 帧。选中"人像 1"合成，在工具栏中选择椭圆工具，按住 Shift 键，添加圆形蒙版，并把蒙版羽化设为 20.0，20.0 像素，如图 4-34 所示。

⑤新建文本层，输入文字"主唱：Angle Li"。选中文本层，设置入点为 5 秒 20 帧，出点为 8 秒 10 帧。选中文本层，选择"动画"—"将动画预设应用于"命令，选择合适的文字动画预设即可完成预设动画的添加，如图 4-35 所示。

图 4-32　把"背景"合成、"闪亮登场"合成拖到时间轴面板

图 4-33　设置位移动画

图 4-34　设置蒙版羽化

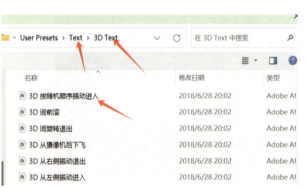

图 4-35　"主唱：Angle Li"文本层设置

⑥按照前述方法，分别制作"人像 2""人像 3""人像 4"合成，如图 4-36 所示。

⑦重复上述④和⑤的操作，分别添加蒙版，输入相应的文字，并为以上合成和文本层设置对应的入点和出点，如图 4-37 所示。

图 4-36 "人像 2""人像 3"合成

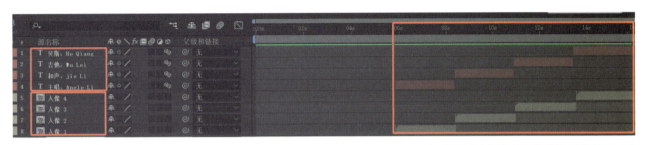

图 4-37 添加蒙版，输入相应的文字

⑧新建文本层，输入文字"Meet at Guangzhou Tianhe Stadium"，设置入点为 16 秒 10 帧。选中该文本层，选择椭圆工具，按住 Shift 键绘制圆形路径。点击文本的路径选项，选择蒙版 1 作为路径，同时反转路径选择开，如图 4-38 所示。

⑨在 16 秒 10 帧，点击"首字边距"前的秒表，在 18 秒，把首字边距设为 720.0，可以得到路径文字的效果，如图 4-39 所示。

⑩把背景音乐从"项目"面板拖入时间轴。

图 4-38 "Meet at Guangzhou Tianhe Stadium"设置

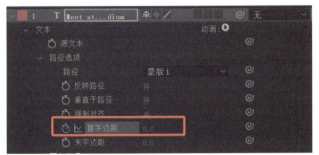 

图 4-39 首字边距设置

⑪完成制作，按小键盘的 0 键预览最终效果，如图 4-40 所示。

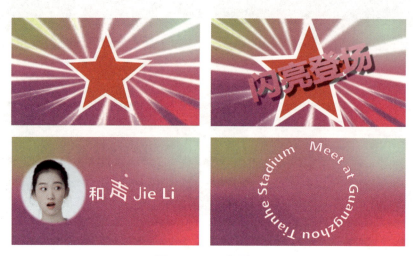

图 4-40　最终效果

三、学习任务小结

在本次课中，同学们深入学习了 Adobe After Effects 2023 中文字动画与图形设计的基础知识、技巧和原则。通过关键帧动画、动画预设、文字路径动画等技巧，同学们掌握了创建丰富多样的文字动画效果的方法。

四、课后作业

基础练习：利用 Adobe After Effects 2023 创建一个简单的文字动画，要求包含位置、缩放、旋转和不透明度的关键帧动画，并尝试应用一个动画预设来增强效果。

创意实践：结合所学知识，设计一个包含文字动画和图形元素的短视频片段。要求主题明确，色彩搭配和谐，布局合理，且文字动画与图形设计相互呼应，共同传达出清晰的信息。

学习任务三 动态跟踪与稳定

教学目标

（1）专业能力：掌握 After Effects 2023 中的动态跟踪工具的使用方法；能够针对视频中的运动对象进行精确跟踪，并应用于字幕、标志、特效等元素上。

（2）社会能力：在团队项目中，能够主动承担责任，高效完成分配给自己的 After Effects 2023 特效处理与动画设计任务。

（3）方法能力：在遇到技术难题时，能够独立思考，利用网络资源或寻求同行帮助，找到解决方案，并不断优化操作流程。

学习目标

（1）知识目标：理解并掌握 After Effects 2023 中动态跟踪与稳定的基本原理、工具及操作流程。

（2）技能目标：能够熟练运用 After Effects 2023 进行视频动态跟踪与稳定处理，包括点跟踪、平面跟踪及摄像机跟踪等，确保视频元素与背景完美融合。

（3）素质目标：培养学生在视频后期处理中的创新意识，提升对细节的把控能力，确保作品质量。

教学建议

1. 教师活动

（1）收集并展示一系列运用 After Effects 2023 进行动态跟踪与稳定处理的优秀视频作品，通过详细剖析其技术实现、创意构思及视觉效果，提升学生的专业鉴赏能力。

（2）精选几个具有代表性的动态跟踪与稳定案例，除了技术层面的详细讲解外，还应深入挖掘每个案例背后的创作动机、文化背景及情感表达，引导学生理解视频剪辑不仅仅是技术的堆砌，更是故事与情感的传递。

（3）创建一个开放、包容的课堂环境，鼓励学生积极参与讨论，分享自己的见解和疑问。教师可以通过设置问题、引导讨论的方式，引导学生思考，培养他们的批判性思维和问题解决能力。

2. 学生活动

（1）分组进行动态跟踪与稳定的项目实践。每组学生需共同策划一个视频剪辑主题，从素材收集、创意构思到剪辑制作，全程分工合作。通过这一过程，不仅可以提升剪辑技能和艺术表达能力，还可以培养团队协作能力和项目管理能力。

（2）在教师的指导下，参与系统性的 After Effects 2023 实操训练，从软件基础操作开始，逐步深入到动态跟踪与稳定等高级功能的学习。通过大量的动手实践，将理论知识转化为实际操作能力，为未来的视频创作打下坚实的基础。

一、学习问题导入

同学们,大家好!本次课,我们将携手探索 After Effects 2023 中的动态跟踪与稳定技术。在接下来的学习中,我们将从理解动态跟踪与稳定的基本原理出发,逐步掌握 After Effects 2023 中相关工具的使用技巧。从基础的点跟踪、平面跟踪,到复杂的摄像机跟踪,再到视频稳定的精细调整,我们将一一解锁这些技能,构建起坚实的知识框架。同时,我们还将深入探讨如何通过创意应用,让动态跟踪与稳定技术成为提升作品艺术价值和观众体验的关键。

二、学习任务讲解

1. 概念描述

Adobe After Effects 2023 中的动态跟踪与稳定是强大的功能,用于实现视频素材中对象的精确跟踪及画面的稳定化处理。动态跟踪允许用户选择视频中的特定对象,并跟踪其运动轨迹,然后将这一轨迹数据应用于其他图层或效果,创建出令人惊叹的合成效果。例如,在视频中添加文字或图形,让它们随着对象的运动而移动。

这些功能在 AE 的跟踪器面板中完成,用户可以通过简单的操作实现复杂的动态跟踪与稳定效果。无论是电影制作、广告设计还是日常的视频编辑,AE 的动态跟踪与稳定功能都能大大提升作品的专业性和观赏性。专业的动作捕捉演员如图 4-41 所示。

图 4-41 专业的动作捕捉演员

2. 案例操作

步骤一:视频素材的选择或重新拍摄。

选择或重新拍摄一段以人物动作为主的视频素材。素材可以是全身运动,也可以是手部、头部等局部动作,关键是动作要清晰、连贯。如果条件允许,重新拍摄时可在人物的关键关节或希望跟踪的部位,用标记笔绘制跟踪点或贴上醒目的贴纸,这将极大地简化跟踪过程并提高准确性,如图 4-42 所示。

图 4-42 包含动作和醒目图形的素材

步骤二:跟踪点的选择与设置。

打开 After Effects 2023,导入准备好的视频素材。在时间轴面板中,找到想要跟踪的视频图层。使用"位置"或"跟踪摄像机"等工具(具体取决于跟踪需求),在视频预览窗口中选取一个清晰可见的图形特质作为跟踪点。这个跟踪点应该是视频中持续存在且易于识别的部分,如人物脸上的痣、衣服上的图案或之前设置的标记点,如图 4-43 和图 4-44 所示。

图 4-43 打开跟踪器进行跟踪运动

启动跟踪分析，让软件自动计算跟踪点的运动路径，如图4-45所示。根据需要调整跟踪点或优化跟踪路径，确保跟踪的准确性。

步骤三：动态跟踪效果的实现。

思考希望通过动态跟踪实现什么样的视觉效果。比如让文本层、图片层或其他视频层跟随人物的动作移动，或者创建一个与人物动作同步的特效。实施步骤如下。

图4-44 选择合适的跟踪点

图4-45 进行跟踪分析

①创建一个新的图层（如文本层、图片层或视频层），并将其放置在需要跟随运动的起始位置，如图4-46所示。

②使用父子链接功能，将新图层链接到跟踪图层上，使其能够继承跟踪图层的运动属性，如图4-47所示。

图4-46 创建跟踪的贴图

图4-47 利用父子链接进行跟随

③调整新图层的内容、大小、旋转等属性，以适应跟踪效果的需要。

④预览效果，根据需要进一步调整跟踪设置或图层属性，直至达到满意的视觉效果。

步骤四：提交作品。

提交要求：将完成的作品导出为视频文件，并按照要求上传至指定平台或提交给指导老师。确保视频文件清晰、无水印，并附上简短的创意说明。

三、学习任务小结

通过本次课的学习，同学们不仅掌握了After Effects 2023中的动态跟踪与稳定技术，还学会了如何将这一技术应用于实际创作中，实现独特的视觉效果。希望同学们能充分利用这个机会，不断实践、探索和创新，让自己的数字影视创作之路越走越宽广。

四、课后作业

请选择一个包含运动对象的视频片段（如自行车骑行、人物行走或动物奔跑等），使用Adobe After

Effects 2023中的动态跟踪与稳定功能进行以下操作。

（1）分析运动轨迹：利用AE中的跟踪器面板，选择一个明显的跟踪点（如头部、特定标志等），分析并创建跟踪路径。

（2）应用动态跟踪：将跟踪路径应用于一个文本层或图片层，使其能够跟随视频中的运动对象移动，实现文字或图像的动态附着效果。

完成后，提交一个包含原始视频片段、跟踪效果前后对比及简短说明的视频文件，阐述你在实践过程中的发现与收获。

学习任务四 案例（动态海报设计）

教学目标

（1）专业能力：能根据任务要求进行海报元素的图形与色彩设计，能对海报中的元素与信息进行合理构图，能结合本章所学知识点进行元素的动态制作。

（2）社会能力：能收集与分析当下优秀动效设计案例，并结合所学的专业术语口头阐述动态海报设计要点。

（3）方法能力：培养信息和资料收集能力、案例分析能力、语言表达能力。

学习目标

（1）知识目标：能够正确使用 After Effects 2023 的文字、关键帧设置、图形绘制等功能，设计绘制海报元素并制作动态效果。

（2）技能目标：能够根据主题要求设计动态海报的文字、图形元素，能够创造性地对各元素进行构图，并制作出主题鲜明、美观的动态海报。

（3）素质目标：能够大胆、清晰地表述动态海报设计理念，具备一定的团队合作能力与沟通能力。

教学建议

1. 教师活动

（1）详细讲解 After Effects 2023 软件的基本操作和动态海报设计的基本流程，包括界面布局、关键帧设置、动画效果等，确保学生能够掌握 After Effects 2023 软件的基本使用方法。

（2）结合实际案例，分析优秀动态海报的设计理念和技巧，引导学生关注创意思维、色彩搭配、视觉传达等方面的内容，提高学生的审美能力和设计水平。

（3）组织课堂互动，对学生在设计过程中遇到的问题进行解答，并提供针对性的建议和指导，帮助学生不断完善和优化动态海报作品。

2. 学生活动

（1）认真学习 AE 软件的基本操作，按照教师讲解的步骤，逐步掌握动态海报设计的基本流程，并在课后进行实际操作练习，巩固所学知识。

（2）参考优秀动态海报案例，发挥自己的创意，尝试设计一款具有个人风格的动态海报。在此过程中，注意运用所学的设计理念和技巧，提高作品质量。

（3）主动参与课堂互动，向教师请教设计过程中遇到的问题，并根据教师的建议进行调整。同时，与同学交流心得，取长补短，共同提高动态海报设计能力。

一、学习问题导入

本次课，我们将以溧阳蒋塘马灯舞这一国家级非遗项目为主题，探讨如何运用 AE 软件制作动态海报。通过观看蒋塘马灯舞的视频，我们发现竹马的独特造型、舞蹈的动态美、传统服饰的特色以及地方文化氛围是海报设计的重点。接下来，我们将学习如何运用 After Effects 2023 软件将这些元素融入海报作品中。我们将通过关键帧动画、色彩调整等技巧，创作出既传承非遗文化，又具有创新精神的动态海报作品。

二、学习任务讲解

1. 蒋塘马灯舞简介

蒋塘马灯舞是流传于江苏省溧阳市社渚镇蒋塘村一带的民间舞蹈，其内容表现北宋杨家将率众人浴血奋战、抗击敌军和共庆胜利的情景。蒋塘马灯舞始于明朝嘉靖年间，起源于蒋塘义军首领虞顺祭祀抗辽英烈杨家将时所采用的礼仪。蒋塘马灯舞的表演分为上、下两个半场：上半场以十名神将和十匹神马不断变化阵形，表现杨家将率众人浴血奋战、抗击敌军、取得胜利；下半场十匹神马、十名神将逐次排列成"天""下""太""平"阵图，表现共庆胜利，祝福万民安居乐业。蒋塘马灯舞将民间祭祀与娱乐融为一体，以舞蹈形式纪念抗辽英雄，同时表达百姓对天下太平的希冀。蒋塘马灯舞是一种集民间舞蹈、民族服饰、民间美术为一体的传统民间艺术，具有较高的艺术审美价值。

2. 蒋塘马灯舞动态海报制作

步骤一：新建合成，尺寸为 720 像素 ×1280 像素，在合成的时间轴空白处新建纯色图层，结合蒋塘马灯舞的非遗色彩，本案例选用深红色为主要背景，如图 4-48 所示。

图 4-48　新建纯色图层

步骤二：导入素材，将素材从项目面板拖曳到时间轴，调整位置，由于需要做的是竹马的动态，所以在时间轴直接将其时间拖移错开，如图4-49所示。

步骤三：为了让竹马能够沿着某个运动轨迹运动，我们除了使用关键帧动画，还可以使用工具栏中的钢笔工具，直接在合成窗口中绘制竹马运动的路径曲线，如图4-50所示。需要注意的是，绘制曲线时，应将钢笔工具中的"填充"和"描边"全都设置成无，如图4-51所示。

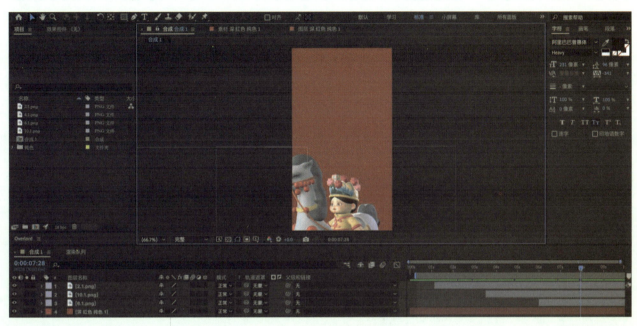

图4-49　导入并摆放素材

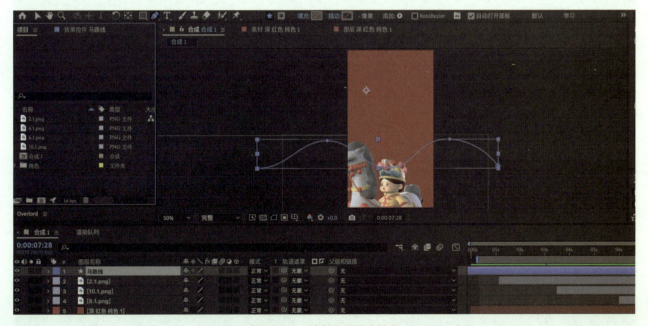

图4-50　绘制竹马运动路径

步骤四：点击"马路线"图层，依次打开图层下的"内容"—"形状1"—"路径1"—"路径"，按Ctrl+C复制路径，如图4-52所示。

图4-51 更改"填充"及"描边"选项

图4-52 复制路径

点击其中一个素材图层，将时间轴拉到素材最前面，点击"变换"中的"位置"，按Ctrl+V，"位置"选项就会出现路径的关键帧，如图4-53所示。但自动粘贴的路径关键帧时间有些奇怪，可以根据个人感觉进行路径运动速率的调整。

其他素材的运动路径都可以用这个方法复制粘贴，根据素材的数量可进行位置和速率的个性化调整。

图4-53 粘贴路径

步骤五：文字"非遗传承"可以用关键帧动画制作，对于关键帧的节奏感，可以在选中关键帧后，按F9进入缓动设置，调整关键帧速率，如图4-54所示。

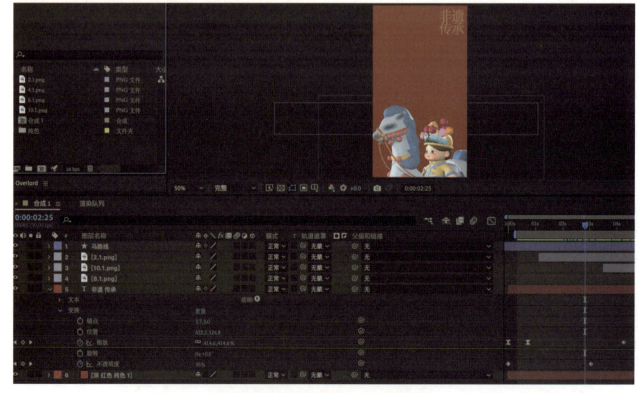

图4-54 用关键帧动画制作"非遗传承"

步骤六：文字"蒋塘"选用书法字体，如图4-55所示。"蒋塘"两个字选择用不透明度关键帧动画显示，如图4-56所示。

用同样的字体打出"马灯舞"三个字，不同的是，这里不需要制作关键帧动画，而是进行描边，所以用钢笔工具将"马灯舞"三个字按书写路径进行描边，如图4-57所示。需要注意的是，这里的描边选项需要选定一种颜色。

将"文字遮罩"图层的眼睛标识隐藏，将"马灯舞"图层的轨道遮罩改为"文字遮罩"，如图4-58所示。

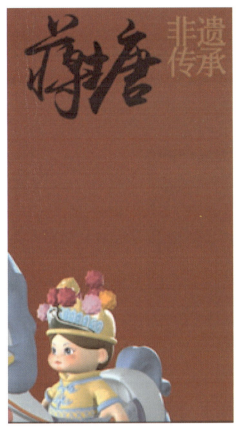

图4-55 "蒋塘"字体

图4-56 不透明度关键帧

图4-57 "马灯舞"描边

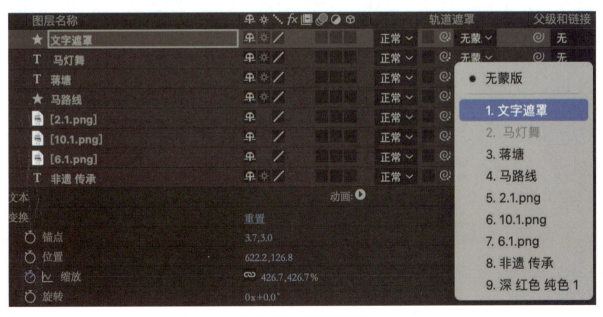

图4-58 更改轨道遮罩

打开"文字遮罩"图层的"修剪路径1"选项,对"开始"选项进行关键帧和数值的调整,如图4-59所示。同时选中"文字遮罩"和"马灯舞"图层,右击对其进行预合成,如图4-60所示。

步骤七:根据画面排版、运动的节奏、内容的展示,对各个图层进行细微的调整,最终得到满意的作品,如图4-61所示。

图4-59 修剪路径

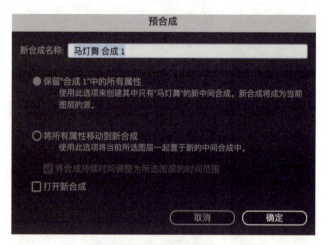

图4-60 预合成

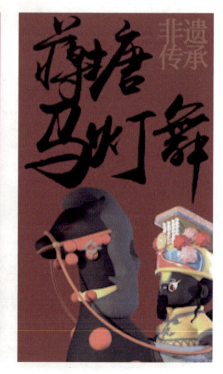

图4-61 最终效果

三、学习任务小结

通过本次课的学习，同学们了解了蒋塘马灯舞的文化内涵，掌握了 After Effects 2023 软件的基本操作，学会了如何将这些技能应用于动态海报设计，并且创作出具有个人风格的蒋塘马灯舞主题动态海报。通过实践操作、课堂展示和评价，同学们提升了自己的设计水平，增强了文化传承意识。

四、课后作业

请同学们利用本节课所学的 After Effects 2023 软件技能，创作一款以"中国传统节日——春节"为主题的动态海报。海报设计需包含春节的典型元素，如红灯笼、春联、鞭炮、饺子等，并运用动画效果来表现节日的喜庆氛围。海报中至少包含五种不同的动画效果，并选择一段体现春节气氛的音乐作为背景。完成作品后，请提交一份作业报告，内容包括设计思路、创意亮点以及动态海报制作的技术总结。下次课，我们将挑选部分作品进行展示和讨论。

项目五
三维空间与摄像机

学习任务一　三维空间基础
学习任务二　三维动画设计
学习任务三　灯光类型与设置
学习任务四　案例（立体文字设计）

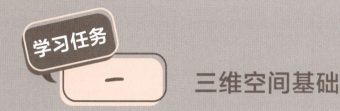

学习任务一 三维空间基础

教学目标

（1）专业能力：能分辨三维空间的工作环境，了解坐标体系，熟练掌握 3D 图层的基本操作。

（2）社会能力：能通过团队合作分析任务，有效沟通，合理布置三维空间环境，完成任务。

（3）方法能力：能快速学习新的空间环境，发现并解决操作难题，会赏析优秀案例并适度临摹，提升作品质量。

学习目标

（1）知识目标：能区分三维坐标体系，理解坐标体系对应的图层参数设置。

（2）技能目标：能对案例素材进行三维空间的熟练操作，并完成简单案例制作。

（3）素质目标：能熟练分辨坐标体系并完成参数设置，展现较好的专业素养和较强的团队沟通能力。

教学建议

1. 教师活动

（1）收集并展示三维空间相关的优秀影视作品，分析利用三维空间表现的创意与优势，提升学生的审美素养，激发学生的艺术想象力与作品分析能力。

（2）挑选具有代表性的作品，讲解关于三维空间的工作环境、坐标体系的专业知识，传递优秀的创作理念。

2. 学生活动

（1）分组进行三维空间相关的优秀影视作品收集与赏析，选派小组代表上台解说与分享，提高学生的资料收集能力与语言表达能力，提升团队协作能力。

（2）积极记录教师所讲解的重要知识点，通过上机实操，熟练掌握 3D 图层的基础操作。

一、学习问题导入

同学们，大家好！今天，我们将一起学习 Adobe After Effects 2023 软件中的三维空间基础。在这个视觉特效日益重要的时代，Adobe After Effects 2023 作为一款强大的影视后期处理软件，其三维空间的处理能力为我们的创作提供了无限可能。

想象一下，我们能够将二维的平面图像转化为具有深度和立体感的三维世界，这是一件多么神奇的事情！在 Adobe After Effects 2023 的三维空间中，我们可以进行摄像机动画、灯光效果等操作，让我们的作品更加生动、逼真。无论是制作科幻感十足的外太空场景，还是打造精致、细腻的产品展示动画，AE 的三维空间功能都能助我们一臂之力。

接下来，我们将一起学习 Adobe After Effects 2023 软件中三维空间的基础知识，掌握如何在三维空间中进行场景搭建、摄像机控制以及光影处理。通过这次学习，我们将开启创意的大门，让我们的作品在视觉上更加立体、丰富。让我们紧跟彼此的脚步，一起走进 AE 的三维空间世界，探索其中的奥秘吧！

二、学习任务讲解

随着影视行业的快速发展，三维空间合成技术在后期制作中扮演着越来越重要的角色。After Effects 2023 作为一款强大的影视后期处理软件，其三维空间功能为创作者提供了无限的可能。本次任务中我们将学习 After Effects 2023 中三维空间的基础知识和操作技巧，为创作出更具视觉冲击力的影视作品奠定基础。

1. 三维空间的工作环境

After Effects 2023 具有三维图层功能，打开三维图层后的对象在 X、Y 轴的基础上增加了 Z 轴，当我们调整 Z 轴参数之后，就可以赋予图层深度空间（见图 5-1）。

图 5-1　三维图层设置

2. 三维空间的坐标体系

三维空间是指具有长度、宽度和高度三个维度的空间。在日常生活中，我们所处的世界就具有三维空间特点，我们可以在这个空间中自由移动，观察和感知周围的事物。在 After Effects 2023 中有三套重要的坐标体系，我们在工具栏中可以很快找到它们，如图 5-2 所示。它们分别是本地轴模式、世界轴模式、视图轴模式。

图 5-2　三维坐标体系

（1）本地轴模式（local axis mode）。

概念：本地轴模式是指每个对象都拥有自己的坐标系统，这个坐标系统称为本地坐标系统。在这个系统中，对象的变换（如旋转、缩放和平移）都是相对于其自身的轴进行的。本地轴模式允许对象独立于其他对象进行操作，非常适合于处理具有层次结构的模型。

特点：对象的变换都是基于其自身的坐标系统；在层次结构中，子对象会继承父对象的变换。

（2）世界轴模式（world axis mode）。

概念：世界轴模式是指所有对象都共享同一个坐标系统，这个坐标系统称为世界坐标系统。在这个模式下，对象的变换是相对于整个世界的固定轴进行的。世界轴模式适合于处理那些不需要层次结构或需要相对于整个场景进行变换的对象。

特点：所有对象的变换都是基于全局的坐标系统；对象的变换不会影响其他对象，除非其他对象与其有特定的关联。

（3）视图轴模式（view axis mode）。

概念：视图轴模式是指坐标系统的变换是相对于观察者的视角进行的。在这个模式下，坐标系统的方向和位置会随着观察者的视角变化而变化。视图轴模式常用于图形用户界面和摄像机控制，以便从不同的角度观察场景。

特点：坐标系统的变换是基于观察者的视角；适用于调整摄像机位置和方向，以改变用户的视点。

3. 技能实训

步骤一：新建合成，命名为"正方形"，尺寸设置为1920像素×1080像素，进入合成界面。新建纯色层，尺寸设置为400像素×400像素，方形像素，如图5-3所示。

步骤二：选中纯色层，对其进行预合成，选择预合成选项中的"保留'正方形'中的所有属性"，将该预合成复制5个，如图5-4所示。

图5-3　纯色设置

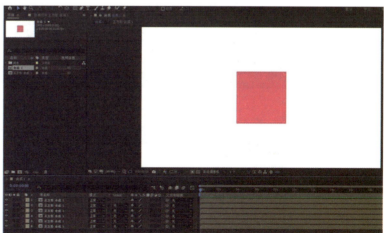

图5-4　复制预合成

步骤三：双击进入任意一个预合成，选中图层，点击"效果"中"生成"的"梯度渐变"，如图5-5所示，在效果控件中为图层设置颜色，按快捷键T打开不透明度，设置为75%，如图5-6所示。

步骤四：回到"正方形"合成面板，打开六个面的三维开关，并选择"自定义视图1"，如图5-7和图5-8所示，分别设置正方体六个面的三维参数。

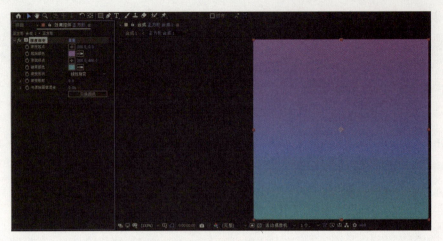

图 5-5 设置图层颜色

图 5-6 设置图层不透明度

图 5-7 打开三维开关并切换视图

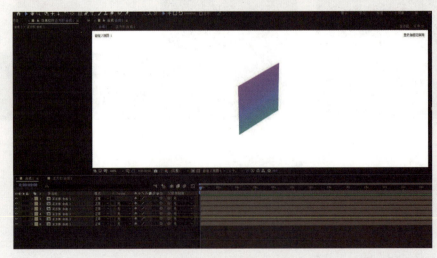

图 5-8 自定义视图1效果

步骤五：选中第一、二个纯色层，按快捷键 P 调出位置选项，将 Z 轴位置参数分别设置为 +200 和 −200，得到正方体的正、背面。接着选中第三、四个纯色层，按快捷键 R 调出旋转选项，将 X 轴方向旋转 90°，Y 轴位置参数分别设置为 +200 和 −200，得到正方体的上、下面。最后选中第五、六个纯色层，将 Y 轴方向旋转 90°，X 轴位置参数分别设置为 +200 和 −200，得到正方体的左、右面，如图 5-9 所示。

步骤六：在工具栏中选择统一摄像机工具，如图 5-10 所示，可预览正方体的各个面。如果需要更改正方体的颜色，可以按步骤三进行图层颜色设置的更改，如图 5-11 所示，甚至可以为其添加喜爱的背景，得到更满意的作品。

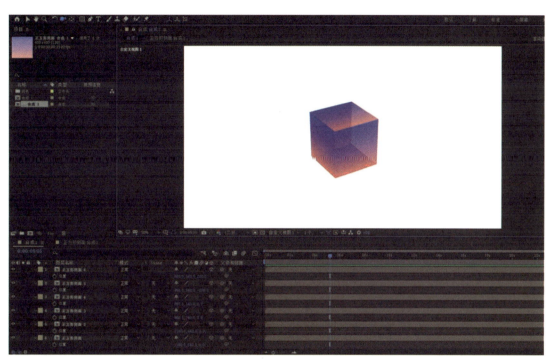

图 5-9　完成六个面的翻转

图 5-10　在工具栏中选择统一摄像机工具

三、学习任务小结

通过本次课的学习，同学们初步掌握了 Adobe After Effects 2023 软件三维空间的坐标体系概念和 3D 基本操作，从认识三维坐标体系的类型，到理解其在空间中的作用，再到实际运用坐标体系进行图层的定位与调整。在 3D 基本操作方面，同学们学会了激活三维图层、位置调整、旋转操作，同时，也了解了如何结合摄像机与灯光来增强三维场景的真实感和艺术效果。

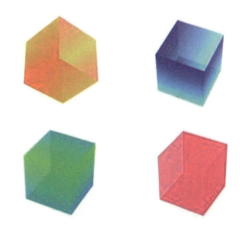

图 5-11　对正方体进行颜色更改

这一过程不仅加深了同学们对 Adobe After Effects 2023 软件中三维功能的理解，也让大家学会了如何运用三维技术创作出更具视觉冲击力的作品。通过对坐标体系的把握和 3D 基本操作的熟练运用，同学们能够更好地构建复杂的三维场景，表达独特的创意和情感。课后，同学们要继续深入学习，探索更多高级的三维技巧，如复杂的动画路径设置、材质与纹理的运用等，不断尝试新的方法和创意，创作出更加优秀的三维动画作品。

四、课后作业

请选取一段自己拍摄、制作的视频或网络上的公开素材（确保素材的使用不会造成侵权），按照所学的 3D 基本操作，制作"正方体学习块"，具体要求如下。

（1）作业主题：可以是单词学习、传统手工艺、标识学习等。

（2）制作要求：视频尺寸为 1280 像素 ×720 像素，视频为有色背景，可适当增添音乐、音效等，提升作品效果。

（3）提交方式：文件命名为"学号+姓名+作品名称"，上传至指定平台或发送给老师审阅。

学习任务二 三维动画设计

教学目标

（1）专业能力：能熟练运用 Adobe After Effects 2023 软件中摄像机图层的创建、调整功能，并掌握动画制作技巧；能运用摄像机图层实现逼真的场景效果。

（2）社会能力：培养学生的团队协作意识，能在影视后期制作项目中有效沟通和协作，共同完成摄像机图层应用的任务。

（3）方法能力：学会分析不同场景需求，灵活运用摄像机图层技术，形成解决问题的创新思路和高效的工作方法。

学习目标

（1）知识目标：能用自己的语言描述 Adobe After Effects 2023 软件中摄像机图层的基本概念、功能和操作方法，掌握相关理论知识。

（2）技能目标：能熟练进行 Adobe After Effects 2023 软件中摄像机图层的设置，能够独立完成摄像机图层调整和动画效果制作。

（3）素质目标：培养学习兴趣和自主学习能力，提高审美素养，形成良好的职业操守。

教学建议

1. 教师活动

（1）挑选和制作与摄像机图层相关的教学案例，通过展示优秀作品，解析作品的制作方法，激发学生的学习兴趣，使学生明白摄像机图层在影视后期制作中的重要性。

（2）详细讲解摄像机图层的基本概念、参数设置和操作方法，确保学生理解每个步骤的作用，并通过演示强调操作要点和常见问题。

2. 学生活动

（1）预习教材，了解摄像机图层的基本知识，记录疑问点，以便课堂上有针对性地学习。观看优秀作品，学习他人的创作手法，提高自己的审美能力和创新能力。

（2）记录教师讲解的操作要点和操作步骤，以便课后复习和实践。完成课堂练习，将理论知识转化为实际操作能力。

（3）利用课余时间自主学习，拓展相关知识，如学习其他影视后期制作软件、了解行业动态等。定期总结学习成果，反思学习过程中的不足，制订改进措施。

一、学习问题导入

同学们，大家好！本次课我们将学习摄像机图层的相关知识。在影视作品中，摄像机镜头的运用至关重要，它能够带领观众穿梭于不同的场景，感受故事的情感起伏。那么，如何在 Adobe After Effects 2023 软件中灵活运用摄像机图层，打造出令人震撼的视觉效果呢？接下来，让我们一起探索 Adobe After Effects 2023 软件中摄像机图层的奇妙世界。

想象一下，我们正在制作一部短片，短片中的角色需要从一个房间穿越到另一个房间，或者从地面飞向高空，这样的场景该如何实现呢？没错，利用摄像机图层就能轻松实现！通过这次课的学习，我们将掌握以下知识和技能。

（1）摄像机图层的基本概念及其在影视后期制作中的作用。

（2）在 Adobe After Effects 2023 软件中创建和调整摄像机图层的方法。

（3）摄像机图层动画的制作技巧。

同学们，让我们携手走进摄像机图层的世界，发挥创意，共同探索影视后期制作的无限可能！准备好了吗？让我们开始今天的课程吧！

二、学习任务讲解

面对复杂的场景，我们经常会设置多个摄像机进行观察。新建摄像机图层的方法很简单，在时间轴面板空白处单击鼠标右键，在弹出的快捷菜单中选择"新建摄像机"，就可以创建摄像机图层，并可以通过弹出的摄像机设置对话框进行摄像机设置，如图 5-12 所示。

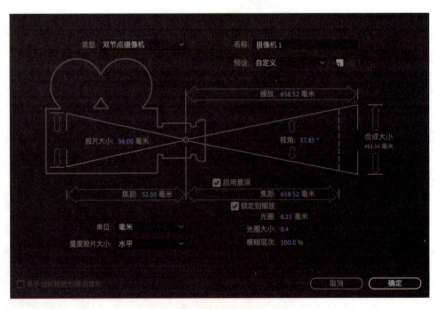

图 5-12　摄像机设置（一）

1. 常用镜头类型

（1）广角镜头：广角镜头的焦距通常在 38 mm 以下。这类镜头的视角大于标准镜头，能够捕捉到更广阔的场景。广角镜头常用于风景摄影、建筑摄影以及需要在有限空间内捕捉更多内容的场合。

（2）鱼眼镜头：鱼眼镜头的焦距通常为 8~16 mm，有些特殊的鱼眼镜头焦距可能更短。这种镜头提供了接近或超过 180°的超大视角，但会产生显著的球形畸变，使得图像边缘的物体看起来弯曲。

（3）标准镜头：标准镜头的焦距通常为 40~58 mm，最常见的标准镜头的焦距是 50 mm。标准镜头适用于多种摄影场合，包括肖像摄影、街头摄影和日常摄影。

2. 摄像机选项

摄像机选项如图 5-13 所示。

图 5-13　摄像机选项

缩放：控制摄像机的放大倍数，类似于摄像机镜头的变焦功能。数值越大，视图越接近物体；数值越小，视图越远离物体。

景深：开启或关闭景深效果。当景深效果开启时，可以模拟真实世界中焦点附近的区域清晰而其他区域模糊的效果。

焦距：设置摄像机镜头的焦距。不同的焦距会产生不同的视角和透视效果。

光圈：影响景深的范围。较大的光圈值会使更多的背景模糊，较小的光圈值则使背景更清晰。

模糊层次：调整景深效果的强度。较高的值会增加模糊程度。

光圈形状：选择光圈的形状，常见的有圆形、多边形等。这会影响散景的外观。

光圈旋转：设置光圈旋转角度，改变散景的方向。

光圈圆度：调整光圈边缘的平滑度，使其看起来更加圆润或不规则。

光圈长宽比：调整光圈的纵横比例，可以产生椭圆形或其他非标准形状的散景。

光圈衍射条纹：在某些情况下，高对比度的光源可能会引起光晕或衍射现象，这个选项可以模拟这种效果。

高亮增益：增加高亮区域的亮度。

高光阈值：定义哪些区域被视为高亮区域。

3. 技能实训

步骤一：新建合成，尺寸为 1920 像素 ×1080 像素，方形像素，在时间轴面板空白处单击鼠标右键，新建白色背景层，并将图层锁定，防止移动主体时背景发生偏移，如图 5-14 所示。

图 5-14　新建并锁定白色背景层

步骤二：在工具栏中点击椭圆工具，按住 Shift 键拖曳绘制圆形，将该圆形图层复制 4 个，一共得到 5 个圆形图层，如图 5-15 所示。为了将 5 个圆形图层等距离排开，我们需要选择第一个圆形图层，将其水平移动到画面的最右边，再将 5 个圆形图层全部选中，点击软件界面右侧的"对齐"选项，选择水平平均对齐，如图 5-16 所示，水平平均对齐效果如图 5-17 所示。

步骤三：打开所有圆形图层的三维开关，在时间轴面板空白处单击鼠标右键，新建摄像机图层，摄像机设置如图 5-18 所示。

步骤四：切换视图为两个视图模式，即顶视图和活动摄像机两个视图，如图 5-19 所示。接下来调整圆形的位置与大小，如图 5-20 所示。

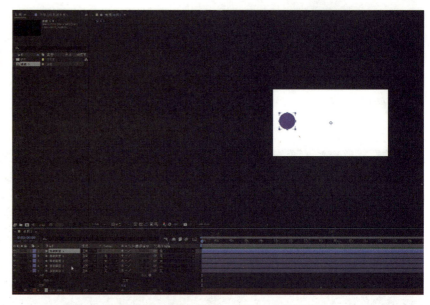

图 5-15　绘制并复制，得到 5 个圆形图层

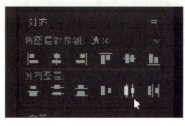

图 5-16　选择水平平均对齐

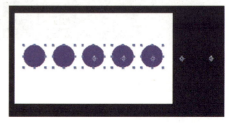

图 5-17　水平平均对齐效果

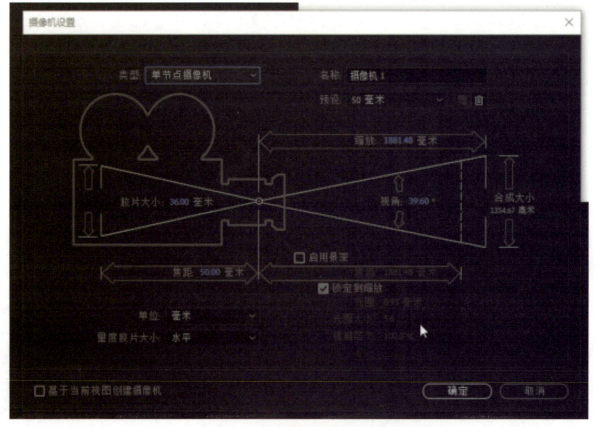

图 5-18　摄像机设置（二）

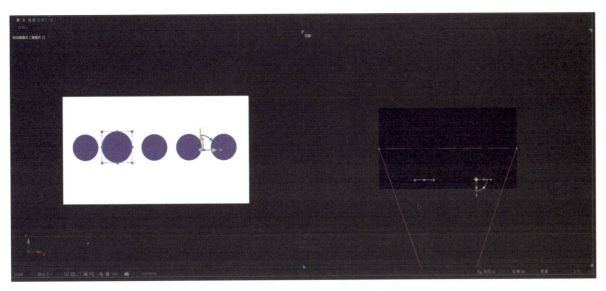

图 5-19 切换视图为两个视图模式

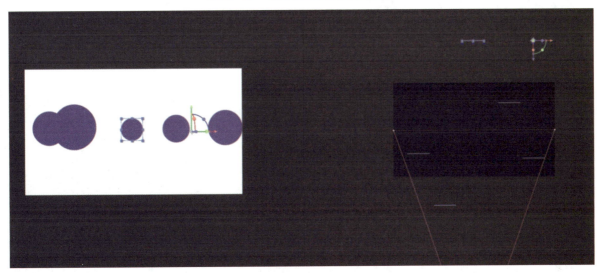

图 5-20 调整圆形的位置与大小

步骤五：利用快捷键制作动画，鼠标左键是左右移动，中键是上下移动，右键是前后移动。在工具栏中选择统一摄像机工具，在摄像机图层的第 0 秒将圆形放大，打上关键帧，再到第 4 秒用鼠标右键往后拉到全景，如图 5-21 所示，就得到了摄像机的位移动画。

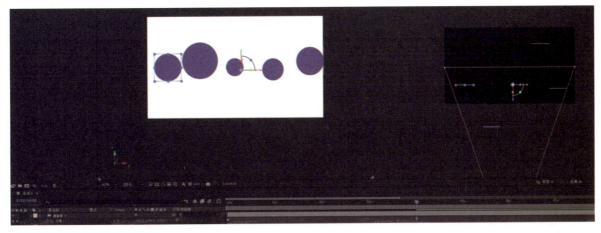

图 5-21 给摄像机设置动画并打上关键帧

步骤六：为了让圆形具有更丰富的色彩，可以分别选择圆形图层为其更改颜色，添加个性化元素，如图5-22所示。

步骤七：制作景深效果。打开摄像机图层中下拉菜单的摄像机选项，"景深"选项选择"开"，根据圆形的位置与摄像机运动方向分别调整焦距和光圈的数值，为其打上关键帧，如图5-23所示，就可以得到一个具有景深效果的动画了。

图5-22　更改圆形图层颜色

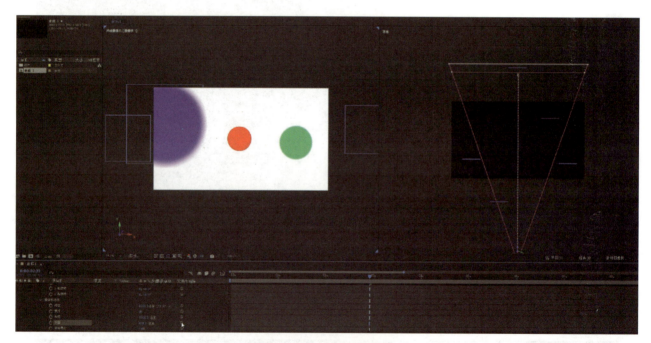

图5-23　制作景深效果

三、学习任务小结

本次课我们重点学习了Adobe After Effects 2023软件中摄像机图层的应用。摄像机图层是影视后期制作中不可或缺的元素，它能够模拟真实摄像机的视角和运动，为作品增添空间感和动态效果。通过学习，我们掌握了摄像机图层的基本操作，包括创建摄像机及调整其位置、方向和焦距等参数。

此外，我们还学习了如何制作摄像机动画，如推拉、平移和旋转，以及如何结合其他图层效果，创作出丰富的视觉场景。掌握摄像机图层的应用，不仅能够提升作品质量，还能激发我们的创作潜能，为影视作品注入更多活力。希望大家能够熟练运用这些知识，为后续的影视后期制作打下坚实基础。

四、课后作业

请在本次课案例的基础上,以"时光穿梭机"为创作主题,收集展示不同历史时期或未来场景的代表性元素。例如,前面展示古代文明,后面展示现代科技等,以摄像机推进形式展示。具体要求如下。

(1)制作要求:视频尺寸为1280像素×720像素,选择合适的背景颜色,确保与展示主体形成良好对比,同时可适当添加背景图案或纹理。利用摄像机图层,制作推进动画,使观众能够清晰地看到每个面的内容。根据视频内容,添加合适的背景音乐和音效,以增强作品的感染力。

(2)提交方式:文件命名为"学号+姓名+作品名称",上传至指定平台或发送给老师审阅。

学习任务三 灯光类型与设置

教学目标

（1）专业能力：能根据灯光的类型以及对应的参数设置，对 After Effects 2023 软件中的三维场景进行光影设置。

（2）社会能力：能够在团队项目中通过沟通和协作，讨论并制订场景照明方案，增强灯光效果。

（3）方法能力：学会通过实践和调整，在实际项目中灵活运用 After Effects 2023 软件的灯光效果，持续改进视觉效果，掌握高效的学习和工作方法。

学习目标

（1）知识目标：能够描述 After Effects 2023 软件中的四种灯光类型及其特点和用途。

（2）技能目标：掌握复杂场景中的灯光布置技巧，并能通过灯光塑造场景氛围，增强视觉效果。

（3）素质目标：能够在灯光设计中体现创造性思维，具备设计和表现复杂光照场景的能力，表现出对光影艺术的敏锐感知和美学理解。

教学建议

1. 教师活动

（1）引导与讲解：通过课件或视频展示，讲解 After Effects 2023 软件中四种灯光（平行光、点光、聚光、环境光）的特点与适用场景。

（2）操作示范：使用 AE 演示灯光的创建与调整。比如创建一个三维场景并添加不同类型的灯光，调整灯光位置、颜色、阴影效果等，帮助学生直观理解如何应用灯光工具。

（3）任务布置：给学生布置实践任务，要求他们创建一个三维场景，并运用多种灯光对场景进行照明设计。在学生操作过程中，随时解答疑问并提供反馈，帮助他们解决技术问题，特别是复杂场景中的灯光布置问题。

2. 学生活动

（1）知识吸收：听取教师关于灯光类型与设置的讲解，理解每种灯光的特性及其在实际场景中的应用。记录关键概念和技巧，如不同类型灯光的应用场景、阴影控制、衰减的设置等。

（2）实践操作：参与教师引导的 After Effects 2023 软件灯光设置练习，尝试在课堂上操作软件，创建并调整灯光效果。完成教师布置的任务，设计一个三维场景并添加多种灯光，针对不同对象进行灯光设计。

一、学习问题导入

同学们，在 After Effects 2023 软件中，灯光是三维场景中一个重要的元素，它可以用来模拟真实世界的照明效果，给三维图层和物体带来阴影、反射和层次。After Effects 2023 软件中有四种不同类型的灯光，每种灯光都具有独特的特性和用途。今天我们一起来学习灯光的类型以及灯光的设置。

二、学习任务讲解

1. 灯光的基本概念

在 After Effects 2023 软件中，灯光是三维场景中的关键元素，能够影响场景的氛围、层次和视觉效果。通过不同类型的灯光设置，设计师可以模拟真实的照明效果，并为三维图层增加更多的空间感和立体感。

2. 灯光的类型

在 AE 中新建一个合成，命名为"灯光设置"，在"灯光设置"合成中按快捷键 Ctrl+Alt+Shift+L 新建灯光图层，同时会弹出"灯光设置"对话框（见图 5-24）。

在"灯光设置"对话框中可以选择灯光类型和调节灯光的基本属性。灯光有四种类型，分别为平行光、聚光、点光、环境光。

（1）平行光（parallel light）。

特点：光线从一个方向发射，并保持平行。它的光线是均匀的，且没有衰减，常用于模拟太阳光或其他远处的光源。

应用场景：适合大面积均匀照明或模拟户外日光场景。

阴影：平行光可以产生硬阴影，且阴影方向与光源平行。

平行光如图 5-25 所示。

图 5-24 "灯光设置"对话框

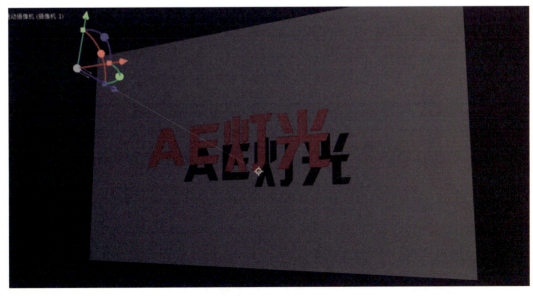

图 5-25 平行光

（2）聚光（spot light）。

特点：光线从一点发出，形成一个圆锥形的光束，可以调整光束的范围和角度。

应用场景：适合局部重点照明、舞台效果、产品展示等场景。

阴影：聚光可以根据光束的边缘柔化程度产生柔和或锐利的阴影。

聚光如图5-26所示。

图5-26　聚光

（3）点光（point light）。

特点：光源从一个点向四面八方发射光线，类似于灯泡的效果。

应用场景：适合模拟局部光源，如灯泡、蜡烛等。

阴影：点光可以产生硬阴影或软阴影，阴影会根据光源与物体的距离变化。

点光如图5-27所示。

图5-27　点光

（4）环境光（ambient light）。

特点：环境光可以照亮场景中的所有物体，不产生阴影，亮度是均匀的。

应用场景：适合为整个场景提供基础照明，通常与其他光源配合使用，以增强整体亮度和柔和的效果。

阴影：由于环境光没有明确的光源和方向，因此不会产生阴影。

环境光如图 5-28 所示。

图 5-28　环境光

3. 灯光的设置

灯光设置可以在灯光选项中进行修改，如图 5-29 所示。当选择不同的灯光类型时，灯光的设置也会随之改变。

（1）强度：控制灯光的亮度，范围通常为 0% 到 100%，但也可以超过 100%，以增强照明效果。较高的强度会使场景更亮，较低的强度则会产生柔和的光线效果。

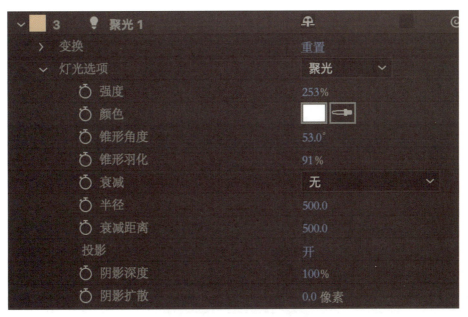

图 5-29　灯光选项

（2）颜色：每种灯光都可以自定义颜色，通过调整颜色可以模拟不同时间、地点和氛围的光照。例如，蓝色可以用于夜晚场景，橙色则可以用于黄昏场景。

（3）衰减：控制光线强度随距离的衰减效果，主要有以下三种模式。

①无衰减：光线强度不会随距离衰减，强度始终保持不变。

②平方反比衰减：光线强度随着距离增加呈现快速减弱的趋势，用于模拟现实中的物理光照衰减（如点光源）。

③平滑衰减：光线强度衰减更加线性、平稳，过渡温和，不像平方反比衰减那样在短距离内有显著的亮度差异。

（4）半径：指灯光在三维场景中的作用范围，在衰减的背景下，它决定了光线在场景中实际照亮区域的大小。半径越大，光线覆盖的区域越广，在半径范围内光线强度较强；半径越小，光线覆盖的区域越小，超过半径的区域，光线会明显减弱或消失。

（5）衰减距离：衰减距离控制从半径范围的边缘到光线完全消失的距离。衰减距离短，光线会在较小范围内迅速衰减；衰减距离长，光线在较大的区域中逐渐衰减。

（6）投影：可以启用或禁用投影。物体若要产生投影，需要在接受阴影的物体下拉菜单中打开"材质选项"，"接受阴影"设置为"开"，同时"接受灯光"也设置为"开"，如图5-30所示。

（7）阴影深度：控制阴影颜色的深度，类似于不透明度，阴影深度越大，阴影颜色越深。

（8）阴影扩散：调整阴影的柔和程度，值越大，阴影越模糊。

（9）锥形角度（仅对聚光有效）：调整聚光光束的角度，锥形角度越大，光束覆盖的面积越大。

（10）锥形羽化（仅对聚光有效）：控制光束边缘的柔化程度。值越大，光束的边缘越模糊，创造出的聚光效果越柔和。

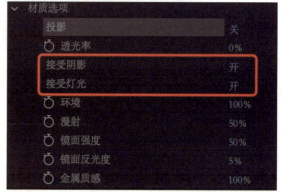

图 5-30　投影设置

4. 灯光的应用场景

（1）三维文字和形状：灯光常用于照亮三维文字和形状，营造出深度感和体积感。

（2）虚拟场景照明：在使用AE构建虚拟场景时，灯光可以用来模拟真实世界中的日光、室内灯光、街灯等。

（3）特效合成：灯光和阴影可以为特效合成增加真实感，例如为置入场景中的3D元素添加灯光，以匹配场景的照明条件。

灯光的正确使用可以极大提升场景的深度感和逼真感。在AE中进行三维设计和动画制作时，灯光是不可或缺的工具。

5. 案例操作：立体文字投影效果制作

步骤一：按Ctrl+N新建合成，命名为"灯光投影合成"，合成界面设置为1920 px×1080 px，帧速率为25帧/秒，如图5-31所示。

步骤二：把背景图"航拍风景"素材拖入项目窗口，再由项目窗口拖入合成界面，如图5-32所示。

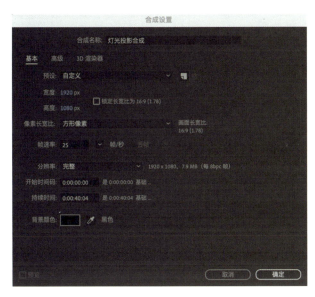

图 5-31 步骤一

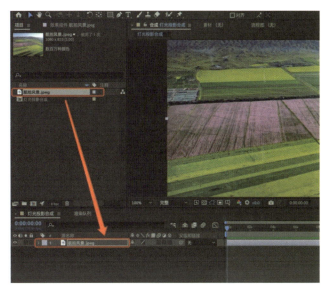

图 5-32 步骤二

步骤三：按 Ctrl+T 新建文本图层，输入文字"ADOBE"，颜色自定，如图 5-33 所示。

步骤四：按 Ctrl+Alt+Shift+C 新建"摄像机 1"图层，用于观察三维制作过程，如图 5-34 所示。

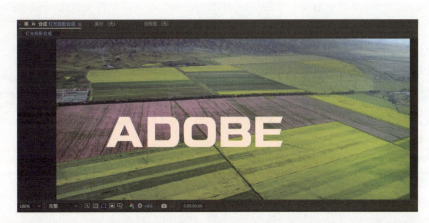

图 5-33 步骤三

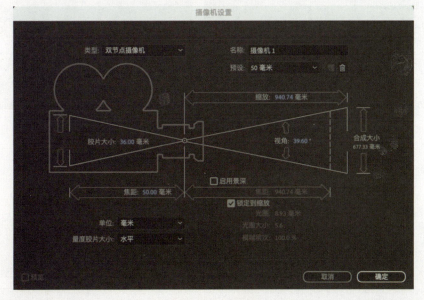

图 5-34 步骤四

步骤五：按 Ctrl+Alt+Shift+L 新建"平行光 1"图层，灯光类型选择"平行"，用于制作文字投影以及匹配画面光影，如图 5-35 所示。

步骤六：激活"ADOBE"以及"航拍风景"的三维图层，如图 5-36 所示。

步骤七：通过位置、缩放、旋转等调整文字在画面中的位置，如图 5-37 所示。参数仅供参考。"ADOBE"图层需要调整到与"航拍风景"图层紧密接触，如图 5-38 所示。

图 5-36 步骤六

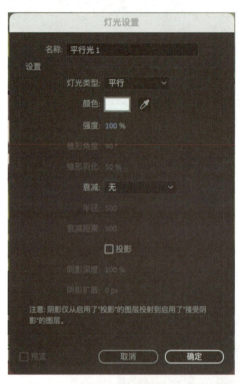

图 5-35 步骤五

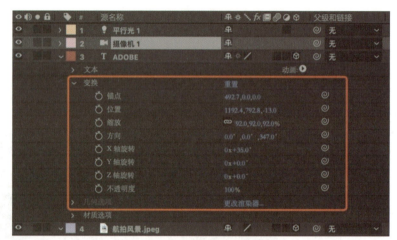

图 5-37 步骤七（一）

图 5-38 步骤七（二）

步骤八：通过目标点与位置调整灯光与文字的夹角，使得灯光与文字形成一个有利于突出投影的角度，同时提升灯光强度，如图 5-39 所示。

步骤九：展开"平行光 1"图层的"灯光选项"，"投影"设置为"开"，同时将阴影深度调整为 41%，如图 5-40 所示。

步骤十：展开"ADOBE"图层的"材质选项"，"投影"设置为"开"，"接受阴影"设置为"开"，"接受灯光"设置为"开"，如图 5-41 所示。

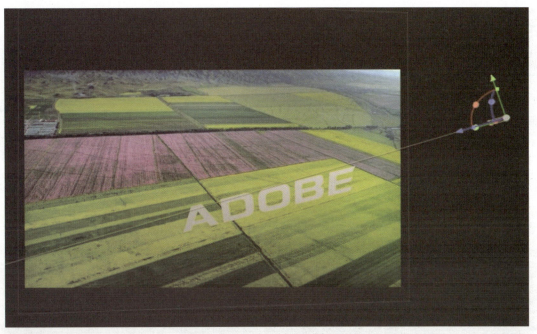

图 5-39　步骤八

图 5-40　步骤九

图 5-41　步骤十

步骤十一：展开"航拍风景"图层的"材质选项"，"投影"设置为"开"，"接受阴影"设置为"开"，"接受灯光"设置为"关"，如图 5-42 所示。

步骤十二：回到合成窗口查看，投影效果基本完成，如图 5-43 所示。同学们可以根据具体素材和灯光类型进行画面调整，可以根据本案例举一反三。

图 5-42　步骤十一

图 5-43　最终投影效果

三、学习任务小结

通过本次课的学习，同学们不仅了解了 After Effects 2023 软件中灯光的基本类型与设置，还进行了实际场景中的灯光设计。灯光在三维设计中起着至关重要的作用，合理设置灯光能够极大提升视觉效果。希望大家在未来的学习中，继续深入探索灯光与其他设计元素的互动，为创作出更具有表现力的作品打下坚实的基础。

四、课后作业

请同学们运用本次课所学的灯光类型以及灯光设置相关知识，制作一个简易的文字片头视频，并且提交一份灯光设置截图，展示同学们对衰减和半径等参数的理解，可以通过对比展示不同参数设置前后的场景效果变化。

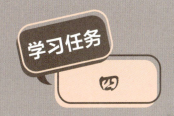

学习任务四 案例（立体文字设计）

教学目标

（1）专业能力：掌握 After Effects 2023 软件中立体文字的创建和编辑技巧，能运用 3D 工具制作出具有立体感的文字效果。

（2）社会能力：通过团队合作，提高学生的沟通能力和协作能力，让学生共同完成立体文字设计任务。

（3）方法能力：学会分析文字设计的需求，灵活运用 3D 工具，形成解决问题的创新思路和高效工作方法。

学习目标

（1）知识目标：理解 After Effects 2023 软件中 3D 文字的基本概念、功能和操作方法，掌握相关理论知识。

（2）技能目标：能熟练进行 After Effects 2023 软件中 3D 文字的设置，能独立完成立体文字的设计和动画效果制作。

（3）素质目标：培养创新思维和审美能力，提升职业素养。

教学建议

1. 教师活动

（1）准备和展示立体文字设计的案例，通过分析案例的制作过程，激发学生的学习兴趣，让学生明白立体文字在视觉传达中的重要性。

（2）详细讲解 3D 文字的创建、编辑和动画设置，确保学生理解每个步骤的作用，并通过演示强调操作要点和常见问题。

2. 学生活动

（1）预习教材，了解 3D 文字的基本知识，记录疑问点，以便课堂上有针对性地学习。观看优秀作品，学习他人的创作手法，提高自己的审美能力和创新能力。

（2）记录教师讲解的操作要点和操作步骤，以便课后复习和实践。完成课堂练习，将理论知识转化为实际操作能力。

（3）利用课余时间自主学习，拓展相关知识，如学习其他 3D 设计软件、了解行业动态等。定期总结学习成果，反思学习过程中的不足，制订改进措施。

一、学习问题导入

同学们，大家好！在视觉传达中，立体文字不仅能够提升视觉冲击力，还能够增强信息的传达效果。本次课我们将学习如何将平面文字转化为具有立体感和动态效果的立体文字，从而创作出具有创意和视觉吸引力的作品。让我们发挥创意，共同探索视觉传达的无限可能！

二、学习任务讲解

（1）新建合成，如图 5-44 和图 5-45 所示。

（2）创建文本图层，使用较深的颜色，如图 5-46 所示。

图 5-44　新建合成（一）　　　　　图 5-45　新建合成（二）

图 5-46　创建文本图层

（3）开启文本图层三维开关，在文本属性中为文本设置正面和侧面颜色，设置几何选项，如图 5-47 所示。

（4）在文本图层下新建一个颜色较深的纯色图层，并给图层添加效果，如图 5-48 至图 5-50 所示。

（5）在最下层新建一个纯色图层，并给图层添加效果，在开始处和结尾处为中心添加关键帧，如图 5-51 至图 5-53 所示。

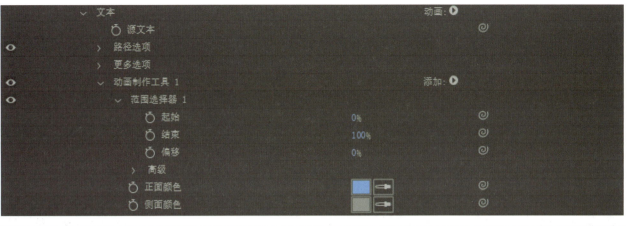

图 5-47　开启文本图层三维开关并设置

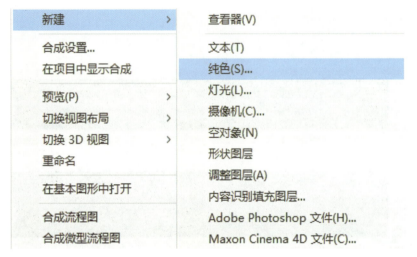

图 5-48　新建纯色图层

图 5-49　效果和预设（一）

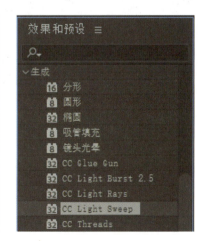

图 5-50　参数设置（一）

图 5-51　效果和预设（二）

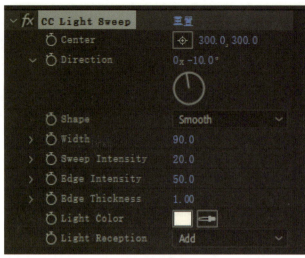
图 5-52 参数设置（二）

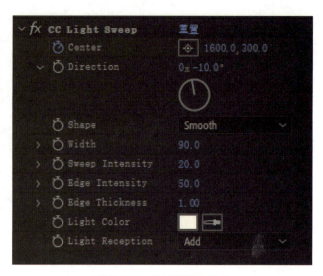
图 5-53 参数设置（三）

（6）把第二个纯色图层效果复制到第一个纯色图层，形成效果叠加，并把两个纯色图层进行预合成（Ctrl+Shift+C），如图 5-54 所示。

（7）添加摄像机图层和空对象图层，并把摄像机图层链接到空对象图层上，如图 5-55 所示。

（8）开启空对象图层三维开关并设置其缩放及旋转参数，如图 5-56 所示。

（9）为空对象图层位置设置关键帧，如图 5-57 所示。

（10）完成后，将其保存为"立体文字"项目文件。

图 5-54 效果叠加

图 5-55 添加摄像机图层和空对象图层

图 5-56 设置缩放及旋转参数

图 5-57 为空对象图层位置设置关键帧

三、学习任务小结

本次课我们重点学习了 After Effects 2023 软件中立体文字的制作方法。立体文字是视觉传达中的重要元素，它能够吸引观众的注意力，增强信息的传达效果。通过学习，我们掌握了立体文字的创建、编辑和动画设置的基本操作。希望大家能够熟练运用这些知识，为后续的视觉传达设计打下坚实的基础。

四、课后作业

请以"未来城市"为创作主题，设计一组立体文字，展示你对"未来城市"这一概念的理解和想象。具体要求如下。

（1）制作要求：视频尺寸为 1920 像素 ×1080 像素，选择合适的背景颜色和材质，确保与立体文字形成良好对比。利用 3D 工具，制作立体文字，并添加动画效果，使文字在视频中动态展示。

（2）提交方式：文件命名为"学号 + 姓名 + 作品名称"，上传至指定平台或发送给老师审阅。

项目六
综合项目实践

学习任务一　表达式与脚本
学习任务二　粒子系统与模拟效果
学习任务三　案例（品牌宣传视频）

学习任务一 表达式与脚本

教学目标

（1）专业能力：掌握 After Effects 2023 软件中表达式的编写与应用，能运用脚本自动化处理视频特效，提升视频后期制作效率与质量。

（2）社会能力：增强团队协作中的技术交流能力，学会根据项目需求灵活调整表达式与脚本，提升解决行业实际问题的能力，促进团队创意的实现。

（3）方法能力：培养自主学习的能力，通过案例分析、实践探索掌握学习新技术的方法，形成持续更新技能体系、独立解决问题的习惯。

学习目标

（1）知识目标：理解 After Effects 2023 表达式的基础语法，掌握常见脚本的功能及用途。

（2）技能目标：能编写并执行简单的表达式与脚本，实现动画参数的动态调整，提升视频制作灵活性。

（3）素质目标：培养创新思维与问题解决能力，通过实践应用增强技术探索能力，提升专业素养。

教学建议

1. 教师活动

（1）精选几个具有代表性和启发性的 After Effects 2023 软件表达式与脚本应用案例，不仅要从技术层面（如表达式编写技巧、脚本自动化流程）进行详细讲解，更要深入挖掘案例背后的创作理念、文化背景及情感表达。通过这些案例，向学生传达视频剪辑不仅是技术操作，更是故事与情感的传递媒介，培养学生的艺术感知力和社会责任感。

（2）营造开放、包容的课堂氛围，鼓励学生积极参与讨论，分享学习心得。教师可以通过设置启发性问题、组织小组讨论等形式，引导学生深入思考表达式与脚本的应用场景、解决策略及创新方向。同时，密切关注学生反馈，灵活调整教学内容和方法，确保每位学生都能跟上学习节奏，实现个性化成长。

2. 学生活动

（1）分组进行基于 After Effects 2023 软件表达式与脚本的项目实践。每组学生需围绕特定主题进行视频剪辑创作，从前期策划、素材收集到后期制作（包括动态跟踪、视频稳定、表达式应用等），全程分工合作。

（2）在教师的指导下，参与系统性的 After Effects 2023 软件实操训练，从软件基础操作入手，逐步过渡到表达式编写、脚本自动化等高级功能的应用。通过大量的动手实践，将理论知识转化为实际操作能力，加深对 After Effects 2023 表达式与脚本的理解。同时，勇于尝试软件的新功能，培养自主学习能力和创新意识，为未来的视频创作之路奠定坚实的基础。

一、学习问题导入

同学们，大家好！本次课我们将从表达式的基础语法、脚本的编写技巧开始，逐步深入到高级功能的探索与应用。我们不仅会学习如何编写表达式以实现动画参数的动态调整，还会探讨如何运用脚本完成烦琐的任务。更重要的是，我们将一起思考如何巧妙地运用表达式与脚本，为视频作品增添独特的视觉冲击力与情感深度，让每一个镜头都闪耀着创意的火花。

二、学习任务讲解

1. 概念描述

loopOut 表达式用于在 Adobe After Effects 2023 软件中实现动画的循环播放，提供四种循环模式：cycle、pingpong、offset、continue。

wiggle 表达式用于在 After Effects 2023 软件中创建抖动效果，通过周期性地改变属性值来模拟自然运动或随机变化。

2. 案例操作一

步骤一：制作小球环绕动画。

打开 After Effects 2023 软件，创建一个新的合成，设置合适的分辨率、帧速率和时长。

使用形状工具，创建一个位于画面中心的蓝色大球图层，再创建一个黄色小球，将小球转化为合成，如图 6-1 所示。

创建一个没有填充的圆形形状图层（红色圆圈），如图 6-2 所示。

将圆形形状图层的路径转化为贝塞尔路径，并将该路径复制到黄色小球的"位置"属性上，使黄色小球围绕着中间的蓝色大球做圆周运动，如图 6-3 和图 6-4 所示。

图 6-1　蓝色大球和黄色小球　　图 6-2　创建一个圆形形状图层

 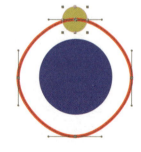

图 6-3　将路径复制到黄色小球的"位置"属性上　　图 6-4　黄色小球拥有了圆形路径

步骤二：输入 loopOut 表达式。

目的：通过引入 loopOut 表达式，实现小球环绕的循环效果。

右键点击"位置"属性旁边的秒表图标，即出现表达式编辑器，如图 6-5 所示。

图 6-5 表达式编辑器

在表达式编辑器中输入 loopOut 表达式：loopOut（"cycle"，0）。需要注意输入法不要使用中文模式。这样小球便可以实现环绕的循环效果了。

步骤三：利用表达式和脚本制作不同效果。

目的：鼓励你发挥创意，运用不同的表达式和脚本，为小球环绕动画增添更多动态效果和视觉冲击力。

步骤四：提交与反馈。

提交完成后的 After Effects 2023 项目文件（.aep）及渲染出的视频文件（如 .mp4），并简要描述你在创意应用阶段所尝试的效果及其实现思路。通过同学间的作品展示与交流，学习不同的创意实现方法和技术细节。接受教师或同学的反馈，了解自己在表达式与脚本应用上的亮点与不足，为后续学习指明方向。

3. 案例操作二

步骤一：绘制球体并转化为合成。

使用形状工具中的椭圆工具绘制一个圆形，并通过调整其属性（如填充颜色、描边等）使其看起来像一个球体，将图像转化为合成，如图 6-6 所示。

步骤二：给球体添加 wiggle 表达式。

在时间轴上找到球体图层，确保它已被选中。右键点击球体图层"位置"属性旁边的秒表图标以启用表达式，然后输入表达式 wiggle（freq，amp），其中，freq 代表频率（每秒抖动的次数），amp 代表振幅（抖动的范围）。例如，wiggle（5，30）将使球体每秒抖动 5 次，每次抖动范围为 30 个单位。你可以调整表达式中的数字，观察不同设置下的抖动效果。操作方法如图 6-7 和图 6-8 所示。

图 6-6 建立蓝色球体的图层

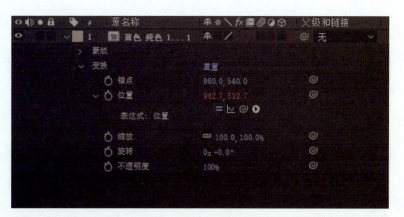

图 6-7 给蓝色球体的位置添加表达式（一）

图 6-8 给蓝色球体的位置添加表达式（二）

播放时间轴，观察球体如何根据 wiggle 表达式进行随机移动。

步骤三：利用表达式制作不同的动态效果。

在掌握 wiggle 表达式的基础上，尝试使用其他表达式或结合多个表达式，为球体创造出多样化、独特的动态效果。

步骤四：提交与反馈。

提交完成后的 After Effects 2023 项目文件（.aep）及渲染出的视频文件（如 .mp4），并简要描述你在创意应用阶段所尝试的效果及其实现思路，包括使用的表达式及遇到的问题和解决方案。通过提交作品，展示你的学习成果和创意实践。接受教师或同学的反馈，了解自己在表达式应用上的亮点与不足，进一步明确学习方向，提升技能水平。

三、学习任务小结

通过本次课的学习，同学们不仅掌握了 After Effects 2023 软件中表达式的基础语法，还学会了如何将这一技术应用于实际创作中，实现独特的视觉效果。希望同学们能充分利用这项技术，不断实践、探索和创新，让自己的数字影视创作之路越走越宽广。

四、课后作业

利用 After Effects 2023 软件设计一个包含球体的动态场景。球体需至少应用两种不同类型的表达式（如 wiggle 和 loopOut 表达式），并创意性地融入至少一种动态元素（如光线、阴影或背景变化）。完成后，提交项目文件和渲染的视频文件，并附上一段简短说明，阐述你选择的表达式及其如何与场景融合，以及你希望通过这个作品传达什么。

学习任务二 粒子系统与模拟效果

教学目标

（1）专业能力：掌握 CC Particle World 插件应用知识及技巧。

（2）社会能力：能灵活运用 CC Particle World 进行作品制作。

（3）方法能力：培养案例分析解构能力、案例迁移重组能力。

学习目标

（1）知识目标：掌握 CC Particle World 的应用、参数设置的方法和技巧。

（2）技能目标：能运用 CC Particle World 进行枫叶飘落的特效制作。

（3）素质目标：能够清晰地表达设计过程和思路，具备较好的语言表达能力。

教学建议

1. 教师活动

（1）展示课前收集的 CC Particle World 设计案例以及素材，带领学生分析素材中添加 CC Particle World 效果前后的变化。

（2）示范 CC Particle World 的操作方法，引导学生分析其操作方法及过程，并将其应用到作品练习中。

2. 学生活动

（1）观看教师示范 CC Particle World 的应用、参数设置的方法，进行课堂练习。

（2）跟着教师的思路，学习分解特效的构成，并记录每个模块的重难点。

一、学习问题导入

同学们，大家好！本次课我们一起来学习 CC Particle World 效果的应用。CC Particle World 效果的应用包括以下几个方面：效果的运用场景、效果的参数设置。希望同学们学习本学习任务中的案例后，能够举一反三，创作出更多不同的粒子效果。

二、学习任务讲解

1. CC Particle World 简介

CC Particle World 是 After Effects 2023 中一个强大的内置效果，专门用于生成和操控粒子特效，常被用来创建各种粒子动画，如烟雾、焰火、星辰、雨水、雪花等，具有较高的可定制性。

2. CC Particle World 各参数的含义

（1）发射器（Producer）。

粒子的发射位置、范围可以通过 Producer 设置来调整。

Position X/Y/Z：控制发射器在三维空间中的位置。

Radius X/Y/Z：控制发射器的发射范围，在 X、Y、Z 轴上调整粒子分布的宽度。

发射器如图 6-9 所示。

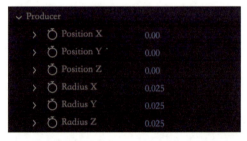

图 6-9　发射器

（2）物理属性（Physics）。

物理属性可以设置粒子运动的方式、速度以及如何受到重力等的影响。

Animation（动画）：可以选择不同的动画模式，如爆炸式发射、涡流等。

Velocity（速度）：控制粒子的发射速度，速度数值越大，粒子运动越快。

Gravity（重力）：模拟粒子受重力影响，适合创建雨滴、落叶等效果。

Resistance（阻力）：增加空气阻力，减缓粒子的运动。

物理属性如图 6-10 所示。

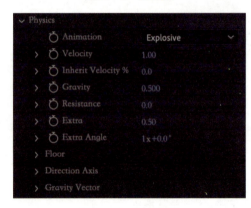

图 6-10　物理属性

（3）粒子属性（Particle）。

①粒子类型（Particle Type）。

Line（线）：生成线条状的粒子效果。

Faded Sphere（渐隐球体）：生成渐隐的球体粒子效果，常用于制作烟雾和气泡等效果。

Star（星形）：生成类似星形的粒子效果，适合星辰、焰火等场景。

Shaded Sphere（阴影球体）：生成类似于球体的粒子效果，适合模拟小球、行星等效果。

②粒子大小。

Birth Size: 控制粒子的出生大小。

Death Size：控制粒子的死亡大小。

Size Variation：控制粒子大小变化。

③颜色和不透明度。

Birth Color（出生颜色）和 Death Color（消失颜色）可以分别设置粒子刚生成时的颜色和消失时的颜色，使得粒子在整个生命周期中颜色发生变化。

Opacity Map（不透明度图）：可以通过自定义粒子的不透明度变化，使其逐渐显现或消失。

粒子属性如图 6-11 所示。

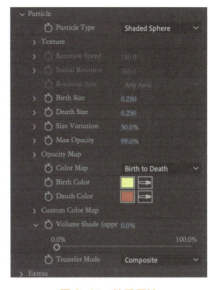

图 6-11　粒子属性

3. 案例操作：枫叶飘落特效制作

步骤一：按 Ctrl+N 新建合成，命名为"飘落的枫叶"，合成界面设置为 1920 px×1080 px，帧速率为 25 帧 / 秒，如图 6-12 所示。

步骤二：按 Ctrl+Y 新建纯色图层，命名为"背景"，大小设置为 1920 px×1080 px，颜色根据个人喜好自定，如图 6-13 所示。

步骤三：按 Ctrl+Y 新建纯色图层，命名为"粒子"，大小设置为 1920 px×1080 px，颜色根据个人喜好自定，此图层用于添加 CC Particle World 特效，如图 6-14 所示。

图 6-12　步骤一

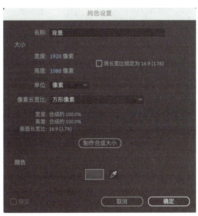

图 6-13　步骤二

图 6-14　步骤三

步骤四：把 PNG 格式的"枫叶飘落"素材拖入项目窗口，再由项目窗口拖入合成界面，如图 6-15 所示。

步骤五：在效果和预设搜索栏搜索"CC Particle World"效果，把 CC Particle World 效果添加到"粒子"图层，如图 6-16 所示。

步骤六：给"枫叶飘落"素材创建一个合成，用于把枫叶映射到"粒子"图层里面。选中"粒子"图层，按快捷键 Ctrl+Shift+C，给"枫叶飘落"素材创建一个合成，命名为"枫叶映射"，选择"将所有属性移动到新合成"，如图 6-17 所示。

步骤七：双击"枫叶映射"图层，进入"枫叶映射"合成界面，按快捷键 Ctrl+K 进行合成设置，把"宽度"和"高度"改为 200 px，如图 6-18 所示。

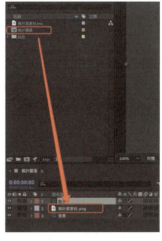

图 6-15　步骤四

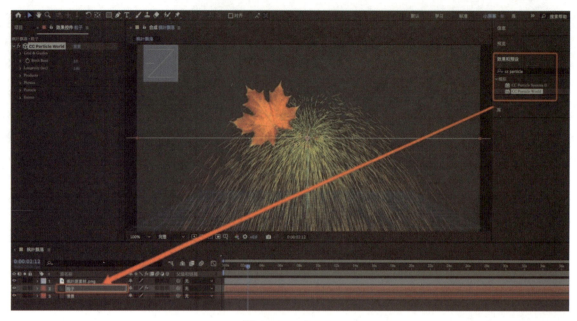

图 6-16　步骤五

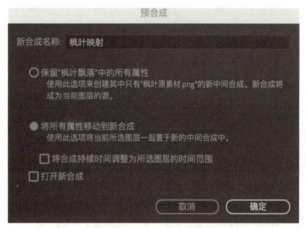

图 6-17　步骤六

图 6-18　步骤七

步骤八：调整枫叶的大小，使其全部位于画框中，如图6-19所示。

步骤九：回到"枫叶飘落"图层，选中"粒子"图层，进入效果控件面板，通过参数设置调整粒子的发射基本型，使其更符合枫叶飘落的特征。

调整"Animation"为"Twirl"，调整"Resistance"为6.7，调整"Birth Rate"为0.2，调整"Longevity"为3.00，初步将粒子发射调整为一种舒适的自然状态，如图6-20所示。

图 6-19　步骤八

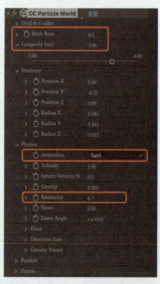

图 6-20　步骤九

步骤十：调整"Producer"的 Radius X 和 Radius Y，参数可根据个人对画面的判断自定，使得粒子铺满整个画面，再把 Position Y 往上调节到合适位置，如图 6-21 所示。

步骤十一：调整"Particle"的"Particle Type"为"Textured QuadPolygo"，展开"Texture"的下拉菜单，在"Texture Layer"中选择"枫叶映射"图层，此时枫叶可附着在粒子上面；通过"Birth Size"和"Death Size"调整粒子大小，使枫叶大小符合画面要求，调整后两参数均为 1.000，如图 6-22 所示。

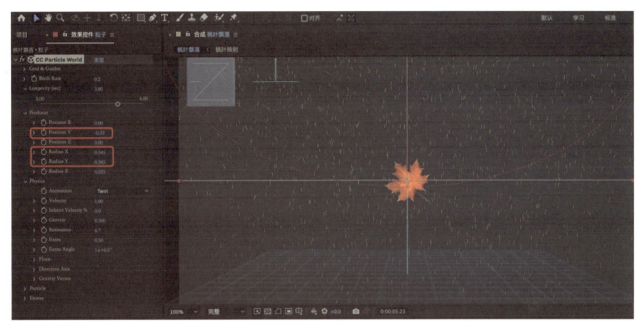

图 6-21　步骤十

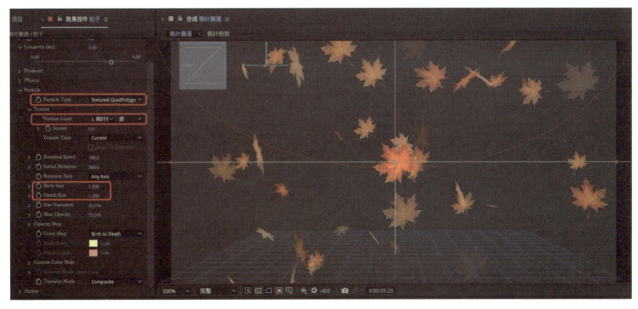

图 6-22　步骤十一

步骤十二：关闭"枫叶映射"图层的眼睛图标，去掉画面中用以映射的枫叶，至此枫叶飘落特效制作完成，如图 6-23 所示。

注意：在制作过程中要养成边制作边保存的习惯，快捷键为 Ctrl+S。

图 6-23　步骤十二

三、学习任务小结

本次课我们学习了 CC Particle World 的应用和参数设置方法。通过案例操作练习，同学们初步掌握了 CC Particle World 的使用技巧。在后期制作、影视特效制作和图像处理中，运用 CC Particle World 能快速制作出许多绚丽的效果。同学们还需要多加练习，以巩固操作技能。

四、课后作业

请同学们使用 CC Particle World 制作枫叶飘飘的场景动画，分别使用 CC Particle World 中的发射器、粒子属性、物理属性进行练习巩固。

学习任务三 案例(品牌宣传视频)

教学目标

(1)专业能力:能够综合运用 Adobe After Effects 2023 的各项功能和技术,包括图层管理、动画关键帧、特效应用、色彩校正与调色等,完成一个高质量的品牌宣传视频项目。掌握品牌宣传视频的制作流程和要点,包括创意构思、素材收集与整理、动画制作、后期合成与导出等。

(2)社会能力:培养团队合作精神和沟通协调能力,在团队项目中明确分工、相互协作,共同完成视频制作任务。提升客户服务意识,能够根据客户的需求进行视频创意和制作,确保最终作品符合品牌形象和传播目的。

(3)方法能力:培养分析问题和解决问题的能力,面对复杂的视频制作任务时能够灵活运用所学知识和技能,制订并实施有效的解决方案。增强自主学习能力和创新能力,在视频制作过程中敢于尝试新技术、新方法,不断提升专业技能和创意水平。

学习目标

(1)知识目标:理解品牌宣传视频的基本概念、作用及制作流程。掌握 AE 中图层、动画关键帧、特效、色彩校正、摄像机等核心功能的基本知识。

(2)技能目标:能够独立完成品牌宣传视频的创意构思。掌握 AE 中的各项功能和技术,能够高效地进行视频剪辑、动画制作、特效添加、色彩校正与调色等工作。能够将视频、音频、字幕等多种元素进行有机融合,制作出流畅、美观、具有品牌特色的宣传视频。

(3)素质目标:培养创新思维和审美能力,能在视频制作中融入个人创意和风格。增强责任心和耐心,确保视频制作的每个环节都精益求精、力求完美。提升职业素养和沟通能力,为将来的职业发展打下坚实基础。

教学建议

1. 教师活动

展示优秀的品牌宣传视频案例,引导学生分析其创意、制作技术和传播效果,激发学生学习的兴趣和动力。系统讲解 AE 中各项功能和技术的基本知识和使用方法,结合实例进行演示和讲解。

2. 学生活动

在小组内明确分工、相互协作,共同完成品牌宣传视频的制作任务。利用课余时间查阅相关资料,了解最新的视频制作技术和方法,不断提升自己的专业技能和创意水平。

一、学习问题导入

在开始这个 AE 综合案例之前，我们先思考几个问题：如何通过品牌宣传视频有效传达品牌的核心价值？视频中的每一个镜头、每一种色彩、每一段动画都是如何精心设计的，以吸引目标受众的注意力并激发他们的兴趣？今天，我们将通过制作一个品牌宣传视频，来深入探讨这些问题，并将 AE 中的高级功能和创意技巧用于实践中。

二、学习任务讲解

1. 导入素材

在项目面板中双击打开"导入文件"对话框，将素材全部选中，单击"导入"按钮，将其导入项目面板。

2. 制作"单面"合成

（1）新建合成，命名为"单面"，将"预设"选择为"HD·1920×1080·25 fps"，将宽度和高度均设为 500 px，持续时间设为 30 秒。

（2）新建纯色层，颜色为 RGB（188，231，205）。再次新建纯色层，颜色为 RGB（188，216，211）。选中青绿色纯色层，在工具栏中选择椭圆工具绘制一个圆形的蒙版，设置"蒙版羽化"为（185.0，185.0 像素），如图 6-24 和图 6-25 所示。

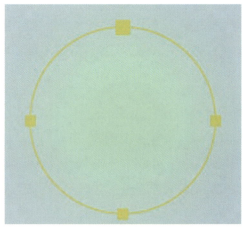

图 6-24　蒙版羽化　　　　　　　　　　图 6-25　"单面"合成效果

3. 制作"基础画面"合成

（1）新建合成，命名为"基础画面"，将"预设"选择为"HD·1920×1080·25 fps"，将宽度和高度均设为 500 px，持续时间设为 30 秒。

（2）新建纯色层，颜色为 RGB（77，80，78）。

（3）新建纯色层，命名为"边框"，颜色为 RGB（208，224，215）。选中"边框"层，选择工具栏中的矩形工具建立蒙版，将"蒙版扩展"设为 -10.0，勾选"反转"，如图 6-26 和图 6-27 所示。

（4）新建纯色层，命名为"亮面"，颜色为 RGB（255，255，255）。将图层设为"叠加"模式，将"锚点"设为（-50.0，250.0），将"缩放"设为（100.0，150.0%），将"不透明度"设为 50%。在第 0 帧单击打开"旋转"前面的秒表记录关键帧，设第 0 帧时为 -0°，设第 29 秒 24 帧时为 300°，如图 6-28 和图 6-29 所示。

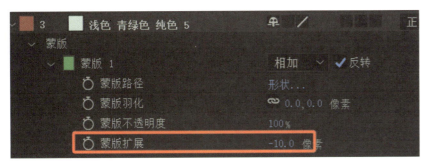
图 6-26 蒙版扩展

图 6-27 "基础画面"合成效果

图 6-28 "亮面"层设置

图 6-29 "亮面"层设置后效果

4. 制作"鸿星尔克 logo""男装"等合成

（1）在项目面板中选中"基础画面"合成，按 Ctrl+D 创建一个副本，命名为"鸿星尔克 logo"，打开时间轴面板，从项目面板中将"鸿星尔克 logo"图片拖至时间轴中，并移动到合适位置。

（2）新建文本图层，并输入文本"鸿星尔克"，设置字体，如图 6-30 和图 6-31 所示。

（3）在项目面板中选择"鸿星尔克 logo"合成，按 Ctrl+D 创建副本并命名为"男装"，删除文本"鸿星尔克"和图片"鸿星尔克 logo"，把"男装"图片拖至时间轴面板，如图 6-32 所示。

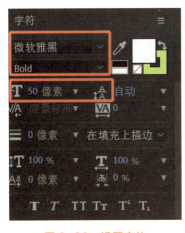
图 6-30 设置字体

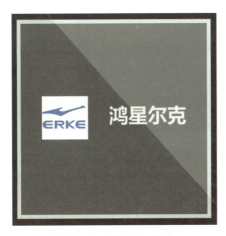
图 6-31 "鸿星尔克"

图 6-32 "男装"合成效果

（4）在项目面板中选择"男装"合成，按 Ctrl+D 5 次，创建 5 个副本，分别命名为"女装""男鞋""女鞋""包包""帽子"，同时替换成相应图片。

5. 制作"立方体"合成

（1）新建合成，命名为"立方体"，将"预设"选择为"HD·1920×1080·25 fps"，持续时间设为 20 秒。

(2)从项目面板中将"单面"合成拖至时间轴,打开其三维图层开关,按 A 键显示其锚点属性,将其 Z 轴数值设为 250.0。

(3)选中"单面"层,按 Ctrl+D 5 次,创建 5 个副本,展开其"方向",将 5 个副本层分别向立方体其他 5 个面的方向旋转,使用自定义视图查看效果,如图 6-33 和图 6-34 所示。

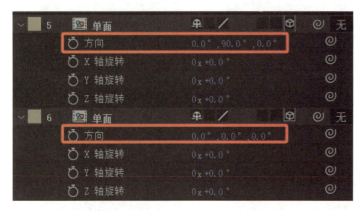

图 6-33 "单面"层方向设置　　　　图 6-34 使用自定义视图查看效果

(4)选中这 6 层,复制并粘贴,复制的 6 个新图层位于时间轴上部。选中第 6 层,按住 Alt 键从项目面板中将"男装"合成拖至其上释放将其替换,采用同样的操作将其他几个图层也替换成相应图层,如图 6-35 所示。

(5)选中上部 6 个图层,按 A 键显示锚点属性,将 Z 轴数值均设为 1000.0,如图 6-36 所示。

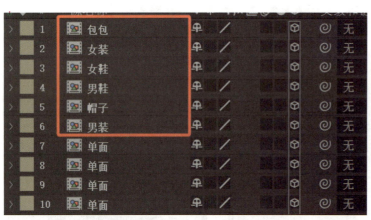

图 6-35 分别选中 6 层进行操作

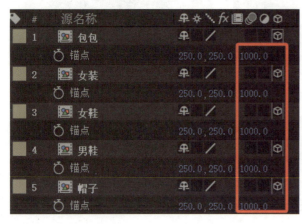

图 6-36 锚点设置

（6）选中上部 6 个图层，按 S 键显示缩放属性。将时间移至第 1 秒 15 帧处，单击打开各层"缩放"前面的秒表，均设为（24.0，24.0，24.0%），第 2 秒处均设为（100.0，100.0，100.0%），这样 6 个画面将从中间的立方体中扩散出来。同样，第 15 秒处均设为（100.0，100.0，100.0%），第 15 秒 10 帧处均设为（24.0，24.0，24.0%），这样 6 个画面将聚合到中间的立方体上，如图 6-37 所示。

（7）选中最底部的"单面"层，按 Ctrl+D 创建副本。从项目面板中将"鸿星尔克 logo"合成拖至其上释放将其替换。将时间移至第 15 秒处，按 T 键显示不透明度属性，单击打开其前面的秒表记录关键帧，第 15 秒处设为 0%，第 17 秒处设为 100%，如图 6-38 所示。

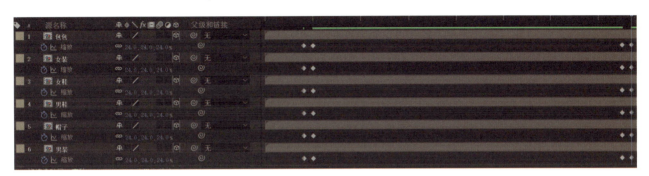

图 6-37　缩放设置

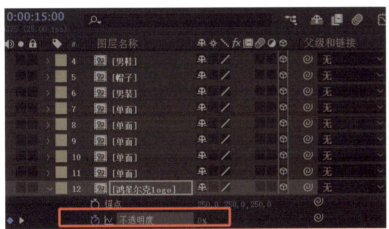

图 6-38　不透明度设置

6. 制作"渐变色"合成

（1）新建合成，命名为"渐变色"，将"预设"选择为"HD · 1920×1080 · 25 fps"，持续时间设为 30 秒。

（2）新建纯色层，为该纯色层添加梯度渐变效果，如图 6-39 所示。

7. 制作"几何动态背景"合成

（1）新建合成，命名为"几何动态背景"，将"预设"选择为"HD · 1920×1080 · 25 fps"，持续时间设为 30 秒。

图 6-39　梯度渐变效果

(2)从项目面板中将"渐变色"合成拖至时间轴中,按 Ctrl+D 创建副本,命名为"三角形",在其上绘制一个三角形,如图 6-40 所示。

(3)选择"三角形"图层,按 Ctrl+D 3 次,创建 3 个副本,分别调整这 4 个图层的位置、缩放、旋转属性,并在合成的起始和结束时间位置设置旋转关键帧,如图 6-41 所示。

(4)新建纯色层,颜色为 RGB(250,50,0),将图层模式设为"屏幕",在工具栏中选择椭圆工具绘制蒙版,将"蒙版羽化"设为(1000.0,1000.0 像素),如图 6-42 所示。

(5)新建纯色层,颜色为 RGB(50,0,250),将图层模式设为"屏幕",在工具栏中选择椭圆工具绘制蒙版,将"蒙版羽化"设为(1000.0,1000.0 像素),如图 6-43 所示。

图 6-40　创建副本,绘制三角形

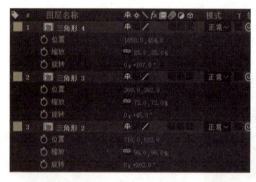 

图 6-41　三角形图层设置

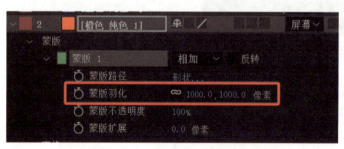 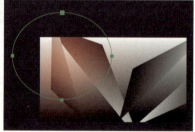

图 6-42　橙色纯色层设置

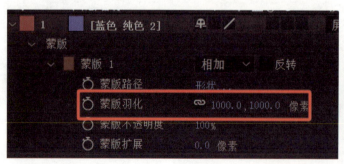 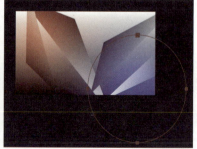

图 6-43　蓝色纯色层设置

8. 制作"综合动画"合成

（1）新建合成，命名为"综合动画"，将"预设"选择为"HD·1920×1080·25 fps"，持续时间设为 20 秒。

（2）从项目面板中将"立方体"和"几何动态背景"合成拖至时间轴中，打开"立方体"图层的矢量折叠开关和三维图层开关。

（3）新建摄像机图层，在摄像机设置对话框中将类型选择为双节点摄像机，将预设设为 20 毫米。

（4）在时间轴中选择摄像机图层，按 P 键显示位置属性，将 Z 轴数值设置为 -1600.0。

（5）选中"立方体"图层，按 R 键显示其 X 轴、Y 轴和 Z 轴的旋转属性，再按 Shift+P 显示位置属性，设置关键帧。

X 轴、Y 轴、Z 轴旋转设置及效果如表 6-1、图 6-44、表 6-2、图 6-45 所示。

第 15 秒处设置"位置"为（960.0，540.0，0.0），第 18 秒处设置"位置"为（300.0，540.0，0.0）。第 18 秒处设置"Y 轴旋转"为 $1_x+322.7°$，第 19 秒 24 帧处设置"Y 轴旋转"为 $1_x+325°$，如图 6-46 所示。

表 6-1　Y 轴旋转设置

	0 帧	3 秒	4 秒 20 帧	5 秒	6 秒 20 帧	7 秒	8 秒 20 帧	9 秒
Y 轴旋转	-40°	-20°	-10°	70°	80°	160°	170°	250°

图 6-44　Y 轴旋转效果

表 6-2　X 轴、Y 轴和 Z 轴旋转设置

	10 秒 20 帧	11 秒	12 秒 20 帧	13 秒	14 秒 20 帧	15 秒
X 轴旋转	0°	90°	90°	270°	270°	360°
Y 轴旋转	260°	$1_x+0°$	$1_x+0°$	$1_x+0°$	$1_x+0°$	$1_x+60°$
Z 轴旋转	0°	20°	10°	-20°	-10°	0°

图 6-45　X 轴、Y 轴和 Z 轴旋转效果

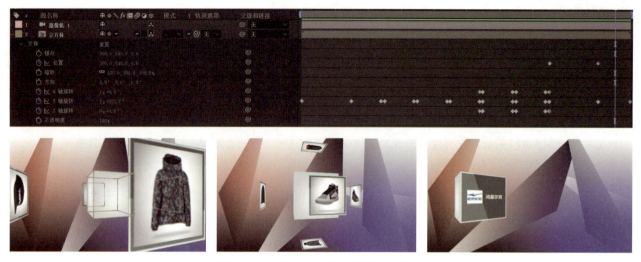

图 6-46 位置和 Y 轴旋转设置及效果

(6) 新建文本图层,输入"To Be No.1",并设置文本的属性,如图 6-47 所示。

(7) 选中文本图层,选择"效果"—"透视"—"投影"命令,为其添加默认的投影效果,将图层的入点移至第 17 秒处,如图 6-48 所示。

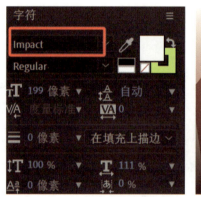 

图 6-47 新建文本图层

图 6-48 添加投影效果

（8）新建调整图层，选择"效果"—"风格化"—"发光"命令，添加发光效果，如图6-49所示。

图6-49　添加发光效果

（9）从项目面板中将音频素材拖至时间轴为动画配乐，按空格键预览最终的动画效果。

三、学习任务小结

通过本次课AE综合案例的学习，我们不仅掌握了品牌宣传视频的制作流程和关键技术，还学会了如何将品牌理念和受众需求转化为视觉上的创意表达。我们深入了解了AE中图层管理、动画关键帧、特效应用、色彩校正与调色等核心功能的使用方法，并通过实践操作将这些知识转化为实际技能。同时，我们也培养了团队合作精神、沟通协调能力和自主学习能力，为将来的职业发展奠定了坚实的基础。

四、课后作业

在AE中尝试制作一个创意动画效果，如粒子特效、光效或文字变形等，要求动画效果与品牌宣传视频主题相契合，并能有效吸引目标受众的注意力。

参考文献

[1] 袁博，张钦锋. After Effects 影视后期处理应用教程 [M]. 北京：人民邮电出版社，2022.

[2] 张书佳，王媛. After Effects CC 视频后期特效制作 核心技能一本通 [M]. 北京：人民邮电出版社，2022.

[3] 王琦. Adobe After Effects 2020 基础培训教材 [M]. 北京：人民邮电出版社，2020.

[4] 唯美世界，曹茂鹏. 中文版 After Effects 2021 从入门到实战（全程视频版）[M]. 北京：中国水利水电出版社，2021.

[5] 唯美世界，曹茂鹏. 中文版 After Effects 2023 从入门到实战（全程视频版）[M]. 北京：中国水利水电出版社，2023.

[6] 何蝌. After Effects 动态图形与动效设计 [M]. 北京：人民邮电出版社，2022.

[7] 程明才. After Effects CC 中文版超级学习手册 [M]. 北京：人民邮电出版社，2014.